U0239344

普通高等教育土建类系列教材

城市既有住区更新改造规划设计

李 勤 闫 军 等编著

机 械 工 业 出 版 社

本书系统阐述了城市既有住区更新改造规划设计的基本原理和方法。全书共分为6章，第1章为既有住区更新改造规划设计基础，第2~6章分别阐述了住区既有建筑、既有交通、既有管网、既有设施、既有园区更新改造规划（优化）设计的内容与方法。

本书可作为高等院校城乡规划及建筑学专业相关课程的教材，也可作为建筑师、规划师及工程技术人员的参考书籍。

图书在版编目（CIP）数据

城市既有住区更新改造规划设计/李勤，闫军编著. —北京：机械工业出版社，2020.7（2024.8重印）

普通高等教育土建类系列教材

ISBN 978-7-111-65451-3

Ⅰ. ①城… Ⅱ. ①李… ②闫… Ⅲ. ①住宅区规划 – 高等学校 – 教材

Ⅳ. ①TU984.12

中国版本图书馆 CIP 数据核字（2020）第 068510 号

机械工业出版社（北京市百万庄大街22号　邮政编码100037）

策划编辑：林　辉　责任编辑：林　辉　舒　宜

责任校对：张晓蓉　封面设计：严娅萍

责任印制：单爱军

北京虎彩文化传播有限公司印刷

2024 年 8 月第 1 版第 2 次印刷

169mm×239mm·12.5 印张·257 千字

标准书号：ISBN 978-7-111-65451-3

定价：59.80 元

电话服务　　　　　　　　　　　网络服务

客服电话：010 – 88361066　　机 工 官 网：www.cmpbook.com

　　　　　010 – 88379833　　机 工 官 博：weibo.com/cmp1952

　　　　　010 – 68326294　　金 　书　 网：www.golden – book.com

封底无防伪标均为盗版　　机工教育服务网：www.cmpedu.com

前　言

　　本书系统阐述了既有住区更新改造规划设计的基本理论与方法。全书共6章，第1章阐述了既有住区更新改造规划设计的基础理论，解析了既有住区、更新改造、规划设计内涵；第2章从空间结构、立面处理、屋面处理等方面探讨了既有建筑更新改造规划设计的内容；第3章从道路交通优化设计，车道、人行道和停车设施等方面研究了既有交通更新改造规划设计的影响；第4章从给水排水系统、电力电信系统、燃气系统、供暖系统等方面分析了既有管网更新改造规划设计的关键问题；第5章从建筑配套设施、住区配套设施和公共服务设施等方面探索了基础设施更新改造规划设计的要求；第6章从景观绿化、出入口和地下空间等方面补充完善了既有园区更新改造规划设计的难点。

　　本书的撰写得到了住房和城乡建设部课题"生态宜居理念导向下城市老城区人居环境整治及历史文化传承研究"（批准号：2018 – KZ – 004）、北京市社会科学基金项目"宜居理念导向下北京老城区历史文化传承与文化空间重构研究"（批准号：18YTC020）、北京市教育科学"十三五"规划课题"共生理念在历史街区保护规划设计课程中的实践研究"（批准号：CDDB19167）、北京建筑大学未来城市设计高精尖创新中心资助项目"创新驱动下的未来城乡空间形态及其城乡规划理论和方法研究"（批准号：udc2018010921）和"城市更新关键技术研究——以北展社区为例"（批准号：udc2016020100）、中国建设教育协会课题"文脉传承在'老城街区保护规划'课程中的实践研究"（批准号：2019061）、西安市房地局检测中心课题"西安市老城区住宅保护性更新改造模式研究"的支持，同时得到了西安圣苑工程设计研究院有限公司的资助。在撰写过程中还参考了许多专家和学者的有关研究成果及文献资料，在此一并向他们表示衷心的感谢！

　　本书主要由李勤、闫军撰写。各章分工为：第1章由李勤、熊雄、闫军、崔凯撰写；第2章由李勤、于光玉、田伟东撰写；第3章由闫军、尹思琪、熊雄、邸巍撰写；第4章由段品生、李勤、郁小茜撰写；第5章由李勤、赵鹏鹏、周帆撰写；第6章由熊登、李勤、尹志洲撰写。

由于水平有限，书中难免有不足之处，敬请批评指正。

编者

目　录

既有住区更新改造规划设计基础

"居室与民生息息相关，小之影响个人身心之健康，大之关系作业之效率，社会之安宁与安全"。——梁思成。

随着岁月的更迭，既有住区的现状堪忧，已不能满足人民日益增长的物质生活的需求。所以，需要对既有住区进行更新改造，对其进行合理的规划设计，改善其破败的面貌，优化其功能结构，对其进行重塑再生，使之既可为人们的生活场所，又使其原有的文化与肌理得到保护传承。

1.1 既有住区的基本内涵

1.1.1 既有住区的界定与概念

从广义上讲，已经建成的住区都隶属于既有住区的范畴。由于住区建设年代及使用年限的增长，其原本的居住功能、形态在物质和社会的双重影响下，出现了居住功能物理老化及居住组织形态失效的现象，因而既有住区是旧住宅单体与其居住环境在一定的使用时间段、社会形态、经济形态、自然空间和地域空间的整体作用下功能性的集合。

在我国，既有住区的建设与发展主要集中于三个时间段，即新中国成立初期到 20 世纪 80 年代；20 世纪 80 年代到 2000 年；2000 年至今。这些既有住区中，处于第一阶段的住区由于物理老化严重已达到住宅使用年限，以及建设初期规划设计功能性差的原因已经被大面积拆除重建；而 2000 年至今的既有住区由于建设时间相对较晚，住宅和配套设施的规划建设都比较完善，且物理老化现象不明显，所以不在既有住区更新改造对象的范畴内。

因此，本书研究的既有住区范畴主要是指建造于 20 世纪八九十年代的目前尚在使用的既有住区。

1.1.2 既有住区的分类与特点

1. 既有住区的分类

既有住区分类方法较多，可以从不同的属性角度来对其进行归类分析，既有住区分类如图 1-1 所示。

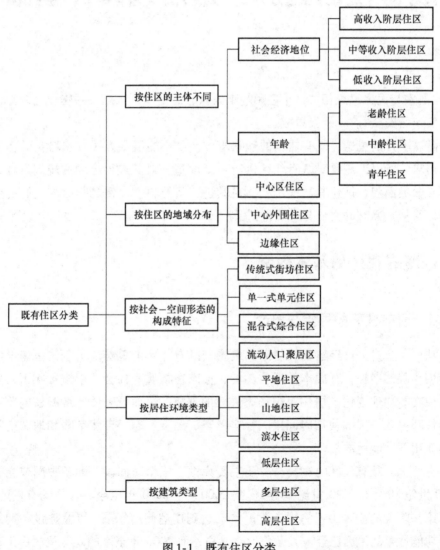

图 1-1 既有住区分类

1）既有住区按照住区的主体不同，可依据社会经济地位和年龄进行划分。其中，依据社会经济地位来分，可分为高收入阶层住区、中等收入阶层住区和低收入阶层住区；依据年龄来分，可分为老龄住区、中龄住区和青年住区。

2）既有住区按照住区的地域分布来划分，可分为中心区住区、中心外围住区和边缘住区。

3）既有住区按照社会－空间形态的构成特征来分，可分为传统式街坊住区、单一式单元住区、混合式综合住区和流动人口聚居区。

4）既有住区按照居住环境类型来分，可分为平地住区、山地住区和滨水住区。

5）既有住区按照建筑类型来分，可分为低层住区、多层住区和高层住区。

2. 既有住区的特点

（1）建设标准低　目前，我国城市中的大部分既有住区都是指建设于20世纪90年代以前的住宅区。自改革开放以来，我国的社会经济得到快速化发展，城市化水平得到大幅度的提升。虽然当时建造的住宅区普遍拥有三十年以上的使用寿命，但由于建设年代久远、建设标准不高和维护不当等原因，如今已不满足居民现代化生活的需要，因此对城市既有住区进行整治改造已刻不容缓。

（2）规划结构较开放　在我国的城市既有住区当中，相当多的小区采用开放式结构，与周围环境没有明显的分界线。住宅单元楼不封闭，直接连通周围的城市道路，车辆和行人可以随意进出小区，周边的各项公共设施（如医院、超市和学校等）为小区共享。这种规划结构虽然符合当时的经济情况、社会环境和发展要求，但随着居民生活水平的不断提升，城市化建设的不断提速，对城市服务功能要求的不断提高，这种规划结构下的城市既有住区，由于功能单一和基础设施不足等缺点已不满足人们的居住需求。

（3）产权多样化　我国城市既有住区大部分是以单位为编制的住区，其产权很多隶属于国家或集体，即政府部门或企事业单位都是城市住宅小区的业主。但随着我国城镇住房制度的深化改革，城市既有住区的产权发生了翻天覆地的变化。除了一部分住宅小区的产权仍归国家管制之外，部分单位和企业解散，使得产权隶属不明确或是单位、企业等将产权转售，导致了城市住宅小区产权由公有向私有的转变。

1.1.3　既有住区的现状与发展

1. 既有住区现状

（1）住区层面

1）交通组织不合理。既有住区道路等级过少，原有道路多为水泥路面，虽然后期进行了改造修缮，以沥青混凝土路为主，但并没有对小区道路进行拓宽。随着人们生活水平的提高，私家车大量涌入住区。然而受住区内空间的限制，停车位严重缺乏，多数居民将私家车停在路边占据一条车道，双车道实际上变成了单车道，因此车辆进入小区后只能沿着环路单向行驶，但一些居民为了图方便逆行抄近道，导致车辆堵塞频繁，给小区居民出行造成了极大不便。另外有些小区的消防通道被私家车作为停车场占用，若发生火灾，将会造成非常严重的后果。既有住区停车现状如图 1-2 所示。

a)　　　　　　　　　　　　b)

图 1-2　既有住区停车现状（占据消防通道的车辆）

2）环境品质低下。小区的环境品质低下主要包括：住区内景观小品数量少，并缺乏相应的维护，大部分景观设施破损失修，无人问津；小区居民保护意识淡薄，人为损坏严重。小区绿化结构单一，多为大型乔木，少有部分灌木搭配，是小区绿化存在的主要问题，同时绿化布局不科学，占绿和毁绿现象频发，如图 1-3 所示；多数宅间绿化由于缺乏管理已衰败死亡，杂草丛生，如图 1-4所示。

3）市政配套设施不完善。市政设施老旧和设备老化在该类小区中也普遍存在。既有住区的供电和供水等设备因年代较久老化严重，在调研过程中发现很多小区仍采用电线杆和裸露的变压器进行供电，缺乏相关配套用房，不利于供电的稳定，造成了巨大的安全隐患，如图 1-5 和图 1-6 所示。

4）安全设施不完善。一些既有住区的小区道路虽已进行了整治翻新，但是工程质量不达标，部分人行道又重新出现破损、开裂和坑洼，很多既有住区无法满足无障碍通行的要求。路灯、通信、邮政、广播电视和消防等设备设施不完善，同时大多数小区仍然采用电线杆输电且线路杂乱，没有实现管线下地以及高度和线路走向的统一，依然存在私拉私接电线的现象。

图 1-3 景观被占

图 1-4 荒芜的绿地

图 1-5 杂乱的电线

图 1-6 裸露的燃气管道

5）住区外部环境问题。大部分既有住区的布局为封闭式，只设置 1~2 个出入口。为了提高容积率，住区多采用行列式的布局方式，前后住宅间距仅能满足后排底层住宅的日照需求。宅间环境处在阴影中，绿化及环境较差，缺乏居民公共娱乐场所。宅前绿化环境质量较差，景观设施落后。既有活动场地设施也因年久失修破旧不堪。交通方面，由于设计时未考虑到现在私家车数量的陡增，住区内缺乏停车位，私家车停放占用道路，停车位数量远远不能满足需求，导致占道停车现象严重，尤其是早晚上下班高峰期，小区内部也会出现严重的拥堵现象。占道停车如图 1-7 所示，拥挤的交通如图 1-8 所示。另外，住区的环境卫生也相对落后。

图 1-7　占道停车　　　　　　　　　　　　　　图 1-8　拥挤的交通

（2）建筑层面

1）建筑结构陈旧。20 世纪 80 年代的老旧住宅建筑结构形式多为圈梁加构造柱的砖混结构。在砖混结构中，墙体是主要的承重结构，圈梁和构造柱是主要的稳定结构，用来抵御水平荷载。在地震力的作用下，特别是地震横波作用下会产生水平力和扭力，墙体布置方向若与此一致，则会因为剪切作用产生交叉裂缝并发生破坏，即使有圈梁，也不足以承受高级别的地震危害。

2）建筑立面杂乱。既有住区建筑外立面杂乱，如图 1-9 和图 1-10 所示，主要有以下问题：

① 墙皮鼓包、掉皮、大面积脱落。

② 空调外机随意放置，一些小区的外立面虽然已经过改造，在外墙上安装了空调外机挡板，但由于挡板百叶的安装缺乏统一规划，导致挡板和外机出现错位情况，甚是影响立面美观。

③ 由于使用需求，许多居民将阳台自行封闭，但是没有进行统一的安排管理，导致阳台和外窗形式各异，杂乱无章。

④ 居民将晾衣架自行安装连接在阳台上，每当天朗气清，居民楼便会呈现出"彩旗飘飘"的景象，有的居民在自装的支架上种植盆景，对楼下居民安全造成巨大隐患。

⑤ 建筑屋顶多为平屋顶结构，屋顶防水和保温结构老化。

⑥ 屋顶太阳能摆放无序，太阳能进水、出水管线安装也杂乱无序。

图1-9　杂乱的外立面（一）

图1-10　杂乱的外立面（二）

3）缺乏门厅、电梯及无障碍设计。既有住区居民楼普遍缺少入口门厅，如图1-11所示。缺乏入口门厅的空间过渡而直接进行室内室外的空间转换在一定程度上会造成人体的不适，开放式楼梯入口也不利于小区居民的安全，而且单元入口处缺乏无障碍设计，导致楼内的老人不能安全出行，缺乏人文关怀。由于这类既有住区中的老年人口所占比重较大，尤其是对于住在楼层较高的老年人来说，爬楼梯并非易事，但是由于当时的建筑标准相对较低以及我国居住建筑规范上对此没做相关规定，因此，这类建筑都没有配备电梯。增设电梯（图1-12）成为一部分老年人的心理和生理诉求。

图1-11　缺少入口门厅

图1-12　增设电梯

4）楼梯间未封闭。老住宅的楼梯间普遍采用开敞式楼梯间，如图1-13所示，除了栏杆扶手之外没有采取封闭措施不利于安全，此设计也不利于节能保暖。由于室内储存空间的缺乏，楼道上充斥着部分居民的杂物，同时由于安保措施不全，治安比较差，导致失窃现象频繁。与此同时，一些居民甚至会把自行车等物品放到楼梯的休息平台，占据了大范围的交通空间，造成安全隐患，如图1-14所示。

图1-13　楼梯间未封闭　　　　　　　　图1-14　交通空间被占据

2. 既有住区发展

（1）既有住区发展困境

1）重视形态要素，忽视人文关怀。由于受到大规模推倒既有住区而更新的影响，大部分的住区居民被迫转移到城市的边缘地区，导致原住区多年发展形成的住区文脉被打断以及住区特有的社区网络被拆散，然而新建住区的社区网络与文脉在短期内又无法形成，由此带来既有住区文化的缺失。与此同时，在进行既有住区的更新改造时，缺乏与居民之间的沟通，导致在改造中出现了道路规划不合理、铺装材质不实用和缺乏无障碍设施等与居民生活方式脱离的设计。

2）片面强调对建筑的改造，忽视整体景观的保护。由于开发商追求高经济效益，导致既有住区的更新改造往往是高密度的，住区景观环境不断被压缩。如今大多数的城市既有住区更新改造项目只关注建筑本体的改造，如内部空间调整、外立面装饰和完善基础设施等，却忽略了对既有住区整体景观的综合改造。既有住区更新改造的核心是人，只有本着以人为本的信念，协调好人与自然的关系，才能为广大百姓创造出舒适惬意的居住环境。

3）忽视文脉和肌理的保护与传承，盲目追求时尚。由于经济利益的驱使，导致开发商在既有住区更新改造中为了获得更高的回报率，采用所谓"高级品味"的要素，如大面积的草坪、欧式景观小品等，忽视中国特色与地域特色，导致住区景观与周边环境脱节，从而造成了既有住区历史文脉的断裂和城市肌理的缺失。

（2）既有住区发展对策

1）创新管理模式。既有住区情况不尽相同，更新改造难度也有高低，这就需要因地制宜，针对不同的小区研究不同的改造方式和改造程度。首先，要坚持政府领导，建立高层协调机构，对各部门进行统筹协调。既有住区改造往往涉及的部门较多，如住建、城管、供电、供水、燃气和民政等，如果没有高层的协调机构来统筹协调，就无法确保项目的实施。其次，要制定住区改造的总体规划和各小区的详细规划，并根据各自的特点，明确改造内容及其进度，倒排时间节点，"挂图作战"。再次，要充分调动参建单位的积极性，如表扬改造进度良好的区和街道，评价和奖励参与的施工单位，激发他们的工作积极性。

2）多途径保证改造资金。其一是扩大集资渠道，鼓舞企业带资参与既有住区改造，注入新生力量。既有住区大多所位于城市的核心地带，可以充分发挥其区位优势，再次对小区闲置土地或临街土地进行开发，通过发展奖励来吸引社会资本。其二是加强政府财政支持，坚持每年给予充足的财政预算，以城市和地区财政共同投资的方式来引导各地政府增加金融投资。其三是减轻相关参建企业的负担，以减免规费缴纳和税收等方式来降低企业建设成本。

3）拓展改造内容。增加小区配套设施和适老化改造项目。除了加固建筑结构和翻新外立面外，还应适当地增加小区配套设施。具体内容可分为三类：一是增设建筑，包括改善建筑内的给水排水条件和加设电梯等；二是改造环境，包括拓宽小区道路、提升绿化、更新停车设施和改善环境等；三是配套基础设施，包括改造各种管线，增添服务用房和增设设备设施等。在我国老龄化增大的社会背景下，应适当增设无障碍通道（图1-15）、健身设施（图1-16）和广场舞场地等老年人配套设施。

图1-15　增设无障碍通道　　　　　　图1-16　健身设施

1.2 更新改造的基本内涵

1.2.1 更新改造的概念与内容

1. 更新改造的概念

更新是指根据城市建筑或环境的发展以及居民的生活需求，对城市内建筑、环境空间的现状进行调整，以提高环境质量的综合性工作，更新的方式具有多样化的特点。按照吴良镛教授在《北京旧城与菊儿胡同》中的定义，"更新"主要包括以下三方面内容：

1）改造：剔除既有环境中某些完整因素或增添新内容来创造新的空间及改善环境。

2）整治：通过局部微调来合理调整环境现状。

3）保护：维护既有的形态和格局，通常情况下不允许发生变动。

从吴良镛教授所做的定义可以看出"更新"比"改造"的概念更为广泛，"改造"是"更新"的一种。本书中的"更新改造"是指针对既有住区的现状，对住区规划和建筑层面进行优化调整，以达到满足居民现代生活需求、提高住区环境质量、延续城市肌理和城市脉络的目的。

2. 更新改造的内容

既有住区更新改造具有长期性和阶段性的特点，在改造过程中考虑的因素越多，最终产生的效果就越明显，这就需要在更新改造前对既有住区的现状和城市的发展进行系统的了解，在了解的基础上，对更新改造的主要内容（图1-17）进行具体分析和更新改造。既有住区更新改造内容如下：

（1）既有建筑更新改造　选择合理的更新改造方式，对既有建筑外部形体进行优化处理，对外围护结构进行整修设计，对其建筑空间进行合理重塑，以改善住区居民的居住条件，提高居住生活质量。其包括空间结构更新改造、建筑立面更新提升、屋顶更新改造。

（2）既有交通更新改造　对住区内的既有交通进行对应的优化，通过对道路、车道及人行道、停车设施以及无障碍设施进行针对性的更新改造，营造便利出行的氛围，为居民提供良好的生活环境。

（3）既有管网更新改造　对既有住区内的给水排水系统、电力电信系统、燃气系统和供暖系统等进行整体的更新改造，对老化的管网合理排查，并对其进行

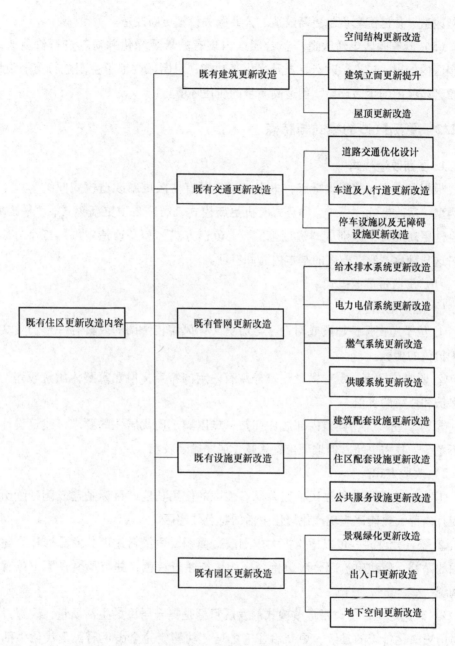

图1-17 更新改造内容

更新优化处理,以满足居民日常生活的需要。

(4)既有设施更新改造 对既有住区内的基础设施进行更新改造,并且对住区内能满足安全使用的原有基础设施予以保留,增设配套设施及公共服务设施,保证住区内的居民生命安全以及创造便利的生活快捷方式。其包括建筑配套设施更新改造、住区配套设施更新改造、公共服务设施更新改造。

（5）既有园区更新改造 整合园区内现有的景观绿化并对其进行修复改造；对园区内的出入口进行改造，提升优化其功能；对园区内地下空间进行重塑设计，以改善园区内的生活环境，创造高质量的居住环境。

1.2.2 更新改造的模式与特点

1. 更新改造模式

根据既有住区的现状特点，本书尝试将既有住区更新改造模式归纳为以下几种类型：房改带危改模式、循环式有机更新模式、居民自主更新模式、"平改坡"综合性更新模式，分别从"适用范围""改造方式"和"改造定位"三个方面来探讨这几种更新改造模式的基本内涵和特征。

（1）房改带危改模式

1）适用范围。

① 位于历史保护地段或附近，与历史文化风貌相协调的或具有一定历史文化保护价值的街区。

② 既有住区有一定规模且建筑外观有一定的特点，但建筑整体质量较差，没有保护和修缮的价值。

③ 人口密度大，建筑内部居住拥挤，难以满足现代居住的要求，建筑设计功能不系统，急需更新，但地理位置优越，居民搬迁较难。

2）改造方式。

① 就地安置原住地居民，完善既有住区的使用功能，目标是建成能延续历史风貌且内部大致能适应现代化居住生活的特色住宅区。

② 条件允许时，可以适当扩大规划改造面积，适量新建部分商品房作为建设费用的贴补，新建建筑部分应保持街区的传统建筑特色，并与环境在历史风貌上协调统一。

3）改造定位。房改带危改模式的发展目标是提升居民的生活质量，改造过程是对历史文化传统的延续，更新后住宅的居住功能应完全满足居民现代化生活需要，使居民有归属感和亲切感。

（2）循环式有机更新模式

1）适用范围。

① 位于历史文化保护区内，具有鲜明的民俗特色和独特的自然景观特征，并且具有一定历史文化保护价值的既有住区。

② 住区有一定规模，有文物保护建筑存留，具有完整的建筑布局且建筑风格鲜明，具有保护价值或具有较为典型的代表意义。

③ 居住密度高，不满足现代生活需求，建筑使用功能不系统，但地理位置良好，居民搬迁难度大。在延续原有建筑风格和居住风貌的基础上，优化其结构、改善环境并完善功能，基本能实现现代化的居住环境。

2）改造方式。

① 鼓励居民外迁，结合房屋置换和原地留住等方式，合理疏解人口。

② 在延续原有建筑风格和居住风貌的基础上，优化其结构、改善环境并完善功能，基本实现现代化的居住环境与市政基础设施的改造，优化使用功能，目标是建成延续历史风貌，内部基本适应现代化居住功能的特色住区。

③ 条件允许时，可以适当扩大规划改造范围，适量新建商品房来补贴建设费用，但新建建筑部分应保持街区的传统建筑特色，并且与环境在历史风貌上协调统一。

3）改造定位。循环式有机更新的发展目标是内部改善住宅居住功能，满足居民现代化生活的需求；外部延续历史文化特色，可以进行适当的创新来提高住宅的使用性能。整体上应保留该地区及相邻地区的城市格局和历史文脉，尊重居民的生活作息，对历史文物建筑进行保护，并对城市在历史上产生并留存下来的各种有形或无形的资源和财富予以继承。

（3）居民自主更新模式 由于居民是最了解自己的生活环境的，因此居民自身发起的旧住宅改造更新通常是最经济有效的住房更新方法。由于居民以满足自身需求为目标，经过改造更新之后对自己的住宅更具有责任感，同时得到自我实现和自我价值的确认。

1）适用范围。

① 位于历史保护地段或附近，有历史文化风貌协调要求或具有一定历史文化保护价值的街区。

② 规模不受限制，建筑布局系统，有一定的建筑外观特色，存在一定的建筑质量问题，有保留和修缮的价值。

2）改造方式。居民自主参与对住宅的局部修缮和维护等工作，以较少的成本投资更新自己的房屋，完善其使用功能。

3）改造定位。居民自主改造更新模式的目标是通过自身耕耘获得优越的居住生活条件，改造规模小，过程不会对既有住区历史文化产生影响，但是一旦全面开展，将对整个既有住区的改造更新产生非常好的效果，居民自身参与新住宅的建筑也就更容易被接受。

（4）"平改坡"综合性更新模式　"平改坡"是指在建筑物结构允许和地基承载力满足建设要求的前提下，将多层住宅的平屋面改造为坡屋顶，以达到改善建筑物功能和景观效果的目的。

1）适用范围。

① 城市内一般地区均适用。

② 住宅多为建造年代久远的老旧多层平顶住宅，建筑外观和质量水平较低，难以满足居民现代化的居住需求。

2）改造方式

① 在保证居民生活不受干扰的前提下，对住宅进行改造更新，对住宅使用功能进行完善。

② 在建筑物结构允许和地基承载力满足要求的前提下，将多层住宅的平屋面改造为坡屋顶，同时对外立面进行一系列的整治，以达到优化居住区环境、修缮公共设施和完善住宅功能的目的，并建立优质持久的物业管理机制。

3）改造定位。除了显著改善城市景观和居民生活条件外，在确保与周边环境协调一致的同时，依据具体项目周边的特征，采用多种建筑形式，增添屋面的层次感和立体感，丰富立面效果。在确保居民生活不受影响的前提下实施，有利于促进社会的和谐和以人为本的发展。

2. 更新改造的特点

（1）复杂性　既有住区更新改造的复杂性在于不仅需要深入调查和分析更新地区现状的物质环境（包括地上地下），而且还牵扯到大量的社会、历史和政策方面（如私房政策、居民搬迁等）的其他问题。其涉及的内容多，涉及的人员广泛，牵扯的部门也多，各方的利益需平衡兼顾，很多时候还必须通过选择进行取舍。

（2）长期性和阶段性　城市在不断地更新演替，人民生活水平的提高和科学技术的进步也必将不断地对城市建设提出新的要求，因此城市建设不可能是一劳永逸的，新建只是相对的，而更新却是绝对的，城市既有住区的开发也是如此。由于居住区是大规模建造的，其各项建设指标都必将受到一定时期的经济水平的制约，而建设标准与经济水平同步提高，这就决定了既有住区的更新的阶段性和长期性。

（3）综合性　既有住区的更新往往牵扯到城市的总体格局，如二次开发的人口密度需要考虑人口的疏导（尤其是城市核心区的更新），建筑层数的确定要考虑附近城市基础设施的适应情况。对于一些传统特色的老旧住区的更新，不仅要考量其本身的经济效益，而且还要充分研究历史和艺术的保留价值及城市与建筑文化的环境效益。

1.2.3　更新改造的条件与价值

1. 更新改造的条件

（1）建设集约型社会的需求　经济社会的发展离不开自然生态环境的支撑，两者相互制衡，相互影响。如今，我国建筑活动的能源消耗占社会总能耗的三分之一，若加上生产耗能，则约为全国总耗能的一半。随着我国城市化进程的逐步加快，大范围的既有住区因建设年代较早，其功能逐渐老化，虽然不满足人们对美好居住生活的需求，但仍具有很高的社会价值。因此，对此类住宅实施维护和更新改造，不仅能延长其使用寿命，还能充分利用能源，节能环保。

（2）居民品质改善的需求　20世纪80年代，我国进行大量的城市住宅建设以解决城市住房短缺问题。但随着经济建设、城市化步伐的加快和社会的进步，居民的生活水平不断提升，老旧住区的规划、交通、环境以及相应设施已难以满足居民现代生活的需求。居民渴望提高既有住区的生活质量，以满足当今社会生活的基本需求。

（3）"五大发展理念"的需求　十八届五中全会提出的"创新、协调、绿色、开放、共享"五大发展理念，为社会全面健康发展提供了强有力的思想保证。从"五位一体"的总体布局出发，绿色发展观被置于经济社会发展的突出位置，对于改善我国当前的经济模式和促进我国经济结构健康发展意义重大。面对日益严峻的自然资源和环境问题，我们必须树立环保和绿色发展的理念，并为后代负责。因此，对城市既有住区的综合整治是实践"绿色发展"理念的必然要求。

2. 更新改造的价值

随着岁月的更替，既有住区由于受到各种因素的限制导致其不能满足居民日常生活的需求。对既有住区进行合理化的更新改造，对其空间功能进行优化重构，对既有住区的可持续性发展意义重大。

（1）降低能耗、延长寿命　我国既有住区内的大部分建筑都难以满足现行法规的耗能标准。通过对既有住区实施更新改造，不仅可以大幅度地降低既有住区的建筑能耗，延长其使用寿命，还可以避免大规模拆迁造成的资源浪费和环境污染，对城市的健康发展具有重要意义。

（2）延续城市肌理和发展脉络　既有住区更新不仅保持和增强了居民的归

属感，还能进一步增强城市的历史感和彰显城市个性。其中一些既有住区已经建成超过 20 年，是具有时代特征的城市发展过程的现实体现。这些既有住区形成的社区氛围已经相对稳定和成熟，应避免大拆大建，保持其完整性（图 1-18 和图 1-19）。通过对既有住区进行合理化的更新改造，不仅可以延续其社区文化和氛围，还能继续传承城市发展历程中风貌和肌理的变迁，是城市建筑多样化的重要保证。

（3）缓解居民住房需求　随着社会的发展，居民对现代化居住条件的需求和目前既有住区的现状矛盾日渐加深，与此同时，面对高房价的商品房和供不应求的经济适用房，应对这些既有住区进行合理化的更新改造，改善居住环境，增加居住面积，更新厨房和卫浴设施，以最小更新成本最大化地提升居民对居住品质的需求（图 1-20 和图 1-21）。

图 1-18　侧立面外貌改造

图 1-19　主立面外貌改造

图 1-20　住区绿化改造

图 1-21　更新厨卫设施

1.3 规划设计的基本内涵

1.3.1 规划设计的概念与内容

1. 规划设计的概念

规划设计是指项目更具体的规划或总体设计，全面考虑政治、经济、历史、文化、民俗、地理、气候和交通等各种因素，优化设计方案，提出规划期望、愿景及发展方式、发展方向和控制指标。住区规划设计是以城市总体规划为基础，依据计划任务和城市现状条件，对城市生活居住用地进行综合性设计。它涉及多方面的要求，包括使用、卫生、经济、安全、施工和美观等；对住区布局结构、住宅群体布置、道路交通、生活设施、绿地和游憩场地、市政公用设施和市政管网各个系统进行统筹安排，为居民创造舒适、经济和美观的生活居住环境。住区规划设计的目标是在"以人为本"理念的指导下，建立住区功能同步运转的正常秩序，谋求住区整体水平的提高（图1-22和图1-23）。

图1-22 住区规划设计平面图　　　　图1-23 住区规划设计效果图

2. 规划设计的内容

住区规划任务的制定应根据新建或改建情况的不同区别对待，通常新建住区的规划任务相对明确，而对于既有住区的改建，需对现状情况进行详细的调查，并依据改建的需要和可能，来制定既有住区的改建规划方案。

住区规划设计的详细内容应根据城市总体规划要求和建设基地的具体情况来确定，不同情况应区别对待，一般来说，它包括选址定位、估算指标、规划结构和布局形式、各构成用地布置方式、建筑类型、拟定工程规划设计方案和规划设计说明及技术经济指标计算等。详细内容如下：

1）选择并确定用地位置和范围（包括改建和拆迁范围）。

2）确定规模，即确定人口数量和用地的大小（或根据改建地区的用地大小来决定人口的数量）。

3）拟定住区类型、层数比例、数量和排布方式。

4）拟定公共服务设施（包括允许设置的生产性建筑）的内容、规模、数量（包括用房和用地）、分布和排布方式。

5）拟定道路的宽度、断面形式和布置方式。

6）拟定公共绿地、体育和休息等室外场地的数量、分布和排布方式。

7）拟定有关的工程规划设计方案。

8）拟定各项技术的经济指标和进行成本估算。

1.3.2　规划设计的原则与目标

1. 规划设计的原则

由于既有住区的环境复杂多变，更新改造和规划设计形式也千差万别，为了更好地实现既有住区的更新，在规划改造中，我们应该遵循相应的规划设计原则，如图1-24所示，将其纳入理性化、规范化的轨道上，以改变以往的盲目性和随意性。

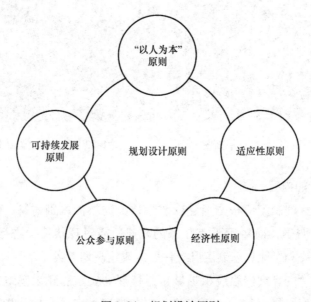

图1-24　规划设计原则

（1）"以人为本"原则　以切实解决现实存在的问题、改善生活设施、美化居住环境、提高居民生活品质为目的，强调服务对象为住区现在和将来的居民，规划标准的制定、规划方式等都应该从居民自身的需求和支付能力出发。

（2）适应性原则　提供规划改造的多种途径，适应政府、集体或居民自发改造，尽可能多地提升住宅区室内外生活环境质量；户型改造要适应特定家庭的生活需求和生活方式。

（3）经济性原则　尽量保持原有建筑结构，减少改造成本，提高效用－费用比，创造更大的经济效益和社会效益。

（4）公众参与原则　健全公众参与机制，组织居民参与改造的策划、设计、施工、使用后评估整个过程，真正满足使用者的实际需求。

（5）可持续发展原则　结合既有住区的实际情况确定改造方案，延长住宅使用寿命，节约建设资金和资源；同时采取适当方法，使规划改造行为本身具有可持续性。

2. 规划设计的目标

对既有住区进行规划设计，是在对其更新改造的基础上，对其功能结构进行合理的优化，目的是优化配置土地资源，营造文化生活空间，打造美好居住环境，提升居民生活质量，实现规划设计所追求的目标，如图1-25所示。

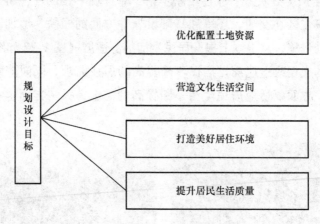

图1-25　规划设计目标

（1）优化配置土地资源　合理有效利用城市居住区土地资源，通过对既有住区用地与功能结构的合理化调整，提高土地综合利用效益、优化配置，并使居民生活环境改善。

（2）营造文化生活空间　规划改造的过程中应充分体现对城市传统风貌、建筑文化、人文特征的尊重，注重保护具有历史价值的地段与建筑，同时增加社区文化设施，营造富有文化品味的生活空间。

（3）打造美好居住环境　运用适当的技术手段，改善或增加必要的环境设施和休闲空间（图1-26），改善居民的生活环境，减少交通噪声干扰，为居民提供舒适美好的居住环境。

a)　　　　　　　　　　　　　　b)

图 1-26　改善或增加既有住区休闲空间

a）休息亭子　b）休息长廊

（4）提升居民生活质量　通过更新整治，对环境不良的住宅群与房屋进行改造，以弥补既有住区在交通、环境和基础设施等方面的短缺，增加既有住区配套医疗和文娱活动设施，从根本上提升居民生活的舒适度（图1-27和图1-28）。

既有住区的规划改造应满足居民不断提高的居住需求，同时规划改造是一个动态的过程，一方面要适应居民生活不断提高的需求，另一方面也有推动社会进步的作用。

图 1-27　既有住区配套医疗　　　　　图 1-28　羽毛球场

1.3.3　规划设计的程序与成果

1. 规划设计程序

既有住区的规划设计从收集编制所需要的相关资料，确定具体的规划设计方案，到规划的实施及实施过程中对规划内容的反馈，是一个完整的流程。从广义上来说，这个过程是也一个循环往复的过程。但从既有住区所体现的具体内容和特征来看，其规划设计工作又相对集中在规划设计方案的编制与确定阶段，呈现出较明显的阶段性特征。规划设计程序如图1-29所示。

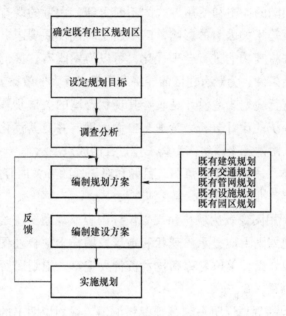

图1-29　规划设计程序

（1）确定既有住区规划区　在对既有住区进行规划设计前，必须先确定规划设计区。通过规划区的划分，合理确定功能区间，为后续的设定规划目标工作打下基础。

（2）设定规划目标　在确定既有住区规划区后，应该着手考虑怎样进行规划设计。只有设定好规划目标，才能进行实地调研考察，判断此目标是否适宜该规划区后期的发展以及方案编制工作的开展。

（3）调查分析　当已确定规划目标，应该进行实地考察，毕竟实践是检验真理的唯一标准。既有住区问题突出，我们应该对影响既有住区规划的各种因素进行调查并进行合理的分析，为后期编制规划方案的确定提供建议支持。

（4）编制规划方案　当各种相关工作已准备好后，应该对规划区进行方案的编制，并为后期的建设方案提供技术指导，保证规划工作有条不紊地进行。

（5）编制建设方案　当规划方案编制完毕后，应开展建设方案的编制工作。建设方案的编制应整合利用现有的资源，应对建设过程中可能会发生的情况进行综合考虑，为后面的规划实施提供有力的技术保障。

（6）实施规划及反馈　当前面的相关准备工作都完善后，应对规划区进行规划设计。规划的实施要紧密结合现场的实际情况，一旦现场实际信息与计划有出入时，应该进行及时的反馈，调整修改方案，保证规划的顺利进行。

2. 规划设计成果

随着城市化浪潮的冲击和使用方式的不断更新，大量的既有住区因为年代久远、建造工艺落后等相关因素的影响，已不满足时代发展要求。通过对既有住区进行规划设计，并将其功能进行合理优化，可以焕发既有住区的蓬勃生机，极大地改善居民的生活条件，为既有住区的经济发展带来巨大的效益。

对既有住区进行规划改造设计是改善其现状窘境的关键步骤。而规划设计是对既有住区进行系统的设计分析，考虑多方面因素，并对其优化处理，最终以规划文本、规划图、附件三个模块作为其工作过程的成果展示。

（1）规划文本　表达规划的意图、目标和对规划的有关内容提出规定性要求，文字表达应当规范、准确、肯定、含义清楚。

（2）规划图　用图像表达现状和规划设计内容，规划图应绘制在近期测绘的现状地形图上，规划图上应显示出现状和地形。图样上应标注图名、比例尺、图例、绘制时间、规划设计单位名称和技术负责人签字。规划图所表达的内容与要求应与规划文本协调一致。

（3）附件　包括规划说明书和基础资料汇编，规划说明书的内容应包括现状分析，规划意图论证和规划文本解释等。

其中规划设计图应有相关项目负责人签字，并经规划设计技术负责人审核签字，加盖规划设计报告专用章；规划单位应具有相应的设计资质，现场规划设计人员应持证上岗，出具的规划设计图应具备法律效力。

1.4　国内外既有住区更新改造探索

1.4.1　国外既有住区更新改造实践

1. 国外既有住区更新改造的理念

西方发达国家既有住区更新改造理论与方法大都是伴随着住区发展的步伐而

演变的，大体上可划分为三个时期：大规模建造、渐进式更新、重点对既有住区进行改造。

第二次世界大战后，为了尽快恢复城市面貌，各国开始大规模地开展城市更新运动，其旨在解决住房短缺和第二次世界大战带来的破坏问题，并且推动经济重新发展。主要采用政府和开发商为主导的模式，并将大规模的推倒重建作为公共住房建设的手段。在第二次世界大战后的数十年期间，西方发达国家城市建设总量持续增长，到 20 世纪 70 年代基本上满足了住房需求，然而此等大量的高强度开发，带来的城市繁荣只是短暂的。

随着时间的推进，交通拥堵和环境污染等大规模推倒重建的诸多弊端逐步显现，给西方发达国家许多历史悠久的城市造成了巨大的破坏，隐藏在繁华背后的城市中心衰落问题开始凸显。20 世纪 60 年代，许多西方学者开始质疑大规模推倒重建的手法，并开始关注规模较小的渐进式改造手法。从 20 世纪 70 年代开始，西方发达国家通过研究不同城市的特征，创新出形式多样的城市更新理论与方法，进入了"渐进式更新"的时期。

美国著名社会哲学家和城市理论家刘易斯·芒福德著的《城市发展史》于 1961 年出版。他在对西方发达国家城市发展历程进行长期观察与思考的基础上，提出城市规划需要以人为本，以人的尺度为城市建设与改造的基础，以满足人的物质需求和精神需求，以及社会的需要。

美国女作家简·雅各布斯于 1961 年出版的《美国大城市的生与死》一书中，从社会经济学角度批判了大规模改造计划，尤其是大规模改造计划缺乏弹性和选择性。书中通过三个方面阐述了大规模改造计划是天生浪费方式的观点，并指出了多样性才是城市的本质。

英国学者冯·舒马赫在 1973 年出版的《小即是美》中提出，在进行城市规划时应将人的需要放在首位。

克里斯托弗·亚历山大在 1975 年发表的《俄勒冈实验》中，主张采用中小规模的多样化更新改造方式替代传统的大规模改造计划，并且强调在今后的改造中应该保护与传承城市中环境友好的部分，严格限制新开发项目在老旧城区内的建造。

从此以后，西方发达国家开始在城市更新中注重对城市肌理的保护与延续，不再是一味地拆除老建筑，相反是最大化地采取维护和更新的手段，重点对既有住区进行改造。

2. 国外既有住区更新改造的实践

在 20 世纪 30 年代，经济大萧条的风暴席卷全球，世界各国的经济都深受打击。在经济大萧条的影响下，美国经济严重衰退，城市的中心区伴随着经济的衰退也出现了衰败的情况，从而引发了一系列的社会问题，为了应对此等超出私人力量控制范围的情况，美国政府把《城市更新法案》作为城市市政工程建造的起点，急于求成地在大规模推倒的城市中心既有住区上建设新住区。美国政府这种忽视既有私有住宅继承特点的做法使得社会冲突更加激烈，最终导致《城市更新法案》于同年被取消，这也标志着大规模改造计划的失败。随着《住宅和社区重建》法案的出台，美国的城市改造开始转变为小规模渐进式的改造，同时美国政府以提升补偿标准的手段将重心转向历史人文复兴。从20世纪80年代开始，房地产开发企业逐步成为城市改造的中坚力量，政府开始逐渐退出。

从20世纪初开始，英国基本是以城市总体规划为城市改造的依据，实现了从大规模更新改造向小规模渐进式更新的转变，政府也较为关注居民的实际需求。英国通过在20世纪70年代实施的《地方政府补助法》，对居民的就业和医疗等予以优惠，并通过国家财政对既有住区更新中的需要予以资助，对住区更新的投资力度也逐渐增大，到20世纪80年代，其既有住区更新改造的比例已经占据全国建筑总量的40%以上。

第二次世界大战后的日本也经历了战后重建，从20世纪50年代后期开始，日本以快速满足住宅总量的需求作为城市开发的目标，导致模式化的复制难以避免。伴随着20世纪60年代颁布的《住宅地区改良法》，通过对老旧既有住区进行拆除重建，住区环境与居民居住质量逐步提升，成为当时的重点。日本在20世纪80年代执行的《地域住宅计划》中，把既有住区改造的重心转向了以人为本的特色住区的建立。

1.4.2　我国既有住区更新改造发展

1. 我国既有住区更新改造的理念

我国早期的城市既有住区改造主要针对建筑的外观维修和结构加固，而理论研究和实践于20世纪70年代后期才开始。由于多种因素的综合影响，有的建筑师主张大规模拆除旧城，重筑新城，将布局混杂的旧城改造为规划合理、定位准确和交通便捷的新城。20世纪80年代，旧城改造运动在全国愈演愈烈，这种粗犷的造城方式严重破坏了我国的城市肌理，导致人文结构断层。

我国的"大拆大建"对城市的健康发展造成了极大伤害，为城市的后期发展遗留了大量难以解决的问题，但幸运的是我国有许多有着高度责任感和远瞻性的建筑师进行了一些有效的探索。

（1）"有机更新"理论　该理论是清华大学吴良镛教授通过对北京旧城规划建设的长期研究得出的成果。其核心是"按照城市发展的内在规律，顺应城市肌理，在可持续发展成果的基础上，探求城市的更新和发展"。"有机更新"理论包括三层含义，如图1-30所示。

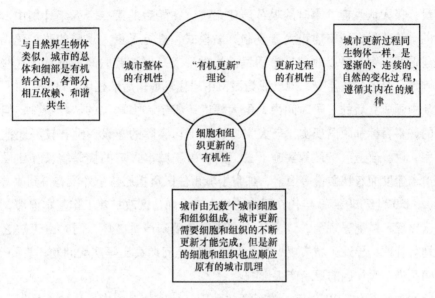

图1-30　"有机更新"理论

（2）阶段性开发与"开发单元"理论　张杰在对城市改造的研究中，提出了"分阶段开发"和"开发单元"的概念。这是有机更新理论的延续，旨在探求小规模改造在历史建筑中的应用，希望在城市近、远期发展中找到一个过渡区域，从而使更新改造能够满足社会、经济和环境的需要。

（3）小规模理论　方可博士在深入分析"大拆大建"行为的危害性和深入剖析"有机更新"理论的基础上，提出了小规模改造理论，即以满足使用者的实际需求为主，与老旧住区更新改造密不可分的小规模的更新改造和建设活动。小规模改造方式，由于其"小而灵活"的特性，更适用于复杂的社会经济关系及改造主体中，满足不同群体的需求，在延续城市脉络的同时保持了城市发展的多样性。

（4）旧住宅更新产业化思想　汪文雄、王晓鸣在《旧住宅（区）更新改造产业化技术系统研究》中将产业化手法的基本思想融入旧住宅更新改造中并提出了旧住宅更新改造产业化所包含的主要要素，对产业化关键技术系统及实现其产业化提出了相关对策和建议，为老旧住区的改造提供了一种新的思路。

2. 我国既有住区更新改造的实践

（1）新中国成立初期　在新中国成立初期，由于抗日战争和解放战争的影响，国家经济陷入低迷，城市损坏极为严重，广大百姓的居住条件恶劣，故改善广大人民群众的艰苦生活环境成为当时城市建设的一项重要任务。在第一个五年计划中，由于当时经济条件的限制，政府采取了"充分利用，逐步改造"的发展政策，充分利用当时已有的住房和市政设施，并采用"维护为主，局部扩建"的办法进行建设，极大地改善了当时的艰苦居住条件。在随后的第二个五年计划中，由于当时的政治背景，城市建设大量复制苏联模式，进行了更大规模的改扩建，同时开始建造职工宿舍区以改善城市居民的居住环境。但随着时间的推移，这些住区不能满足如今的居住需要，现已成为城市中居住环境落后的住区。

新中国成立后的一段时间内，虽大幅度改善了许多居民的居住条件，但由于提出的许多目标都脱离现实，夸大实力进行不切实际的建设，没有较好地把"充分利用，逐步改造"的政策实施下去，同时由于城市人口的快递增长和建设过程中只追求速度而忽视质量等因素，加重了城市住区负担居住条件没有得到改善。

（2）20世纪60~70年代　国内的城市建设和住区改扩建工作基本停滞，城市中普遍出现私搭乱建现象，许多历史文化遗迹遭到严重破坏，同时由于缺乏统一的规划与管理，导致了城市规划混乱和城市环境问题突出等严峻问题，直到今天，这些问题仍旧对住区的更新产生影响。

（3）改革开放　1979年，改革开放政策开始实施，国内经济快速发展，城市建设规模不断扩大，速度也不断提高。到了20世纪90年代，改善广大人民群众居住条件已逐步成为城市建设的首要任务，但是由于经济水平和技术手段等因素的制约，加之城市规划方案的指引不完善、公共服务设施的缺乏和没有统一建设标准等问题对住区更新造成了极大影响，使得城市肌理与历史文脉没有得到较好的保护与传承。

20世纪90年代，大规模推倒重建改造手法的弊端开始凸显，许多专家及学者对其进行了深刻的反思，并在此基础上提出了许多新的观点与理念。

我国的城市发展在21世纪迎来了新纪元，城市既有住区更新的步伐也在加快，我们不仅要借鉴西方发达国家在住区更新中的经验和教训，而且要汲取其先进的理念和方法，结合我国国情，探索出具有中国特色的既有住区更新方法。

1.4.3　国内外既有住区更新改造对比

1. 国内外既有住区更新历时性分析

住区更新向来是各国城市发展的重要部分。依据国内外住区的更新历程，可判断我国现阶段的住区更新大体接近于20世纪70年代英美国家的发展阶段，即住区建筑和住区规划的萌芽阶段。由于国内外的制度基础不同，导致所能支持的更新方式及参与深度和广度不同，从而发展策略和水平也各有差异，但总体态势还是清晰的。住区更新初期主要以改善人居环境为主，由于深受经济资本的影响，随后重视综合发展，强调构建维护内部网络和协调外部社会结构，包括强调公众参与，重视社会资本与人力资本，促进社会发展。

当然，中西方更新理论与实践的差距不仅仅只体现在政治经济发展水平、社会制度和文化思维等方面，还表现在西方国家城市化进程领先我国，已经接近完成或已经完成，更新的缘起主要是由于地区衰退以及其发展重心转向社会网络的重构。中西方既有住区更新改造中的主要差异决定我国不能完全复制西方旧住区更新的理念及体制，需要创新研究适合自身的既有住区更新理论及实践方法。国内外既有住区更新改造措施与特点比较见表1-1。

表1-1　国内外既有住区更新改造措施与特点比较

	代表类型	背景	更新措施	更新特点
国外	英美和日本等发达国家	产业转型，城市中心衰退	社区建筑、社区规划	重视社会资本与人力资本，自主组织更新趋势明显
中国	台湾和香港等地区	政府多阶段介入城市更新	社区营造、民间组织	
	上海和北京等大陆城市	计划经济惯性、改革开放	政策法规、空间改善	重视经济资本，技术主导，自主组织更新趋势较弱

2. 国内外既有住区更新共时性分析

我国既有住区更新遇到的窘境在英美等发达国家或地区的住区更新历程中也有体现，主要包括以下两方面：

（1）理论思想缺乏，引导效应较弱　新中国成立初期，由于经济条件限制等原因，住区更新以口号作为主导思想，更新实践由政府主导。改革开放时期，国内的专家和学者主要对由各项制度改革带来的城市更新引发的社会问题进行反思和批判，对住区更新理论建设的关注相对较少。由于社会居住空间极化、文化脉络被打断和城市贫困等现象的出现，以及对外开放后学术交流的兴起，住区更新引起了学界的理论探讨，其中以吴良镛先生主张的"有机更新"理论最为著名。然而"有机更新"理论仅仅强调的是更新方式却未明确更新主体；公众参与强调的也只是个人而非群体且也未注明方式。对比于西方较为完善的理论体系，国内更新理论的研究视角较为单一，未能形成相对完整的体系，难以对更新实践形成切实有效的指导。

（2）实践动机偏差，经验积累不足　自新中国成立以来，国内旧住区更新实践一直主要由政府主导。改革开放后，开发商也加入其中。长期以来，国内城市发展不曾出现类似于西方国家的内城衰退和逆城市化等问题，既有住区的问题来源或者说更新动机更多应考虑的是政治经济层面而并非社会层面，故难以跳脱自上而下的更新方式。近年来出现的社会问题逐渐受到重视，但是行之有效的更新实践相对较少，经验积累不易，导致社会层面的更新理论思想在短期内难以形成。

思　考　题

1. 简要阐述既有住区的概念并对其分类进行归纳总结。

2. 简要阐述既有住区的现状与发展。

3. 既有住区更新改造的内容包括哪些？

4. 既有住区更新改造的常见模式有哪些？阐述其各自的内涵。

5. 简要概括既有住区更新改造规划设计的内容。

6. 既有住区更新改造规划设计过程中，应参照哪些原则，在实施过程中，应按照怎样的程序进行？

7. 简要概括国内外既有住区更新改造历程。

8. 我国关于既有住区更新改造的理论有哪些？对各理论的特点进行总结。

9. 简要概括国内外既有住区更新历时性和共时性的内涵。

10. 谈谈你对我国既有住区更新改造规划设计的看法与建议。

第 2 章

既有建筑更新改造规划设计

我国改革开放 40 多年以来，经济持续增长，城镇化、工业化和现代化进程逐渐加快。在此过程中，建筑业和房地产业空前繁荣。截至 2010 年，既有建筑的总面积达到 480 亿 m^2。随着社会的迅速发展以及既有建筑使用时间的增加，大量的既有建筑虽能保证结构安全但早已不满足居住功能及舒适度、建筑节能、绿色建筑、低碳社会的发展的要求。因此，既有建筑更新改造规划设计的重要意义日趋显著。

2.1 空间结构更新改造

2.1.1 空间结构分隔

部分既有建筑因为空间结构划分不合理而导致建筑使用效率低下，因此需要对这部分既有建筑的空间结构进行更新改造和重构设计，以达到充分利用室内空间的目的。本节主要从既有建筑整体空间更新改造和局部空间更新改造两个方面进行阐述。

1. 整体空间更新改造

既有建筑内部整体空间更新改造属于保护型改造，它是在既有建筑内的原有空间基础上对空间形态、内部组织结构、室内路径进行空间结构分隔。

对既有建筑进行整体重构，需要灵活划分重组空间，而在空间相对高大的既有建筑内部，可以通过一些常见的处理方式将一个较大的空间划分出更小的空间，使得小空间可以更加灵活，从而可以发展不同的空间功能。这样，既扩展了空间容量，又丰富了室内活动的类型，而且有利于更好划分动态区间与静态区间。常见的室内空间分隔形式有垂直分隔、水平分隔、内部空间合并、新旧空间衔接等。

（1）垂直分隔

1）垂直分隔是指通过加层、夹层等手段，将具有高跨度的室内空间沿垂直方向增设新的水平界面，提高空间的利用率，并使界面分解得更有层次，形成多样化的使用空间。空间垂直分隔示意图——加层如图2-1所示。

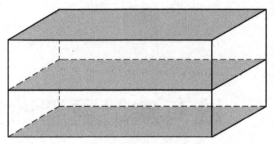

图2-1 空间垂直分隔示意图——加层

2）将具有多层次的室内空间沿垂直方向减少既有建筑的水平界面得到比既有建筑室内空间更高跨度的室内空间，给人以通透的空间感，更能满足大空间设计的可能。在既有建筑改造过程中应因地制宜，根据既有建筑的实际情况，尽量满足改造提出的新要求。空间垂直分隔示意图——减层如图2-2所示。

（2）水平分隔 这种空间重构的设计手法一般用于结构形式为多层框架结构的既有建筑。这种设计手法在满足使用者需求的基础上，对既有空间进行小规模的改动，通过增加隔墙的方式，将大空间分隔组合成多个小空间，以满足使用用途。需要特别指出的是：增加隔墙的重构方式由于在既有空间上新增了结构荷载，所以对既有建筑的结构受力体系需要达到一定的要求。空间水平分隔示意图如图2-3所示。

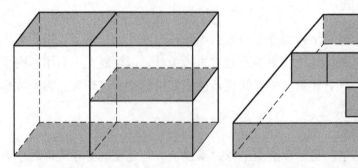

图2-2 空间垂直分隔示意图——减层　　　图2-3 空间水平分隔示意图

（3）内部空间合并 在既有建筑改造过程中，当新的使用功能需要的空间比既有建筑的空间大的时候，就有必要把部分楼板或隔墙拆除，将较小的空间合并成较大的空间。建筑师在设计时通常会考虑保留建筑的主要承重结构，拆除部分楼板，使原来的两层合并为一层，增加室内空间的高度和空间感。内部空间合并示意图如图 2-4 所示。

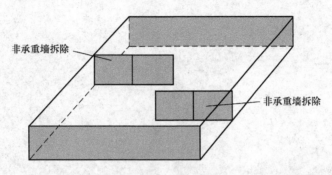

图 2-4　内部空间合并示意图

（4）新旧空间衔接　新旧空间衔接是指在设计中采用把若干独立的个体（包括新与既有的个体）连接或者联合起来成为新整体，通过延续与完善既有的空间，使新的空间功能能够容纳更多的物质并且适应新的需求。这种设计方法在空间形态的表达和界面的材料处理上更加灵活方便，使建筑的空间层次更加丰富，更容易突破既有空间的局限性。不同的空间在连接的时候可以采用串联或者并联的方式，当然也可以通过庭院来进行空间的重新组织，形式灵活多变。

1）利用垂直连接进行扩建或加建。新旧空间的垂直连接是通过加建或扩建既有建筑竖向的方式来适应新旧功能的转变，如在室内空间需要的地方进行对顶部增加活动区域或拓展地下空间等。

① 顶部加建。在不改变既有承重结构的条件下，对活动空间的顶部增加适当的面积区域，成为增加室内空间使用面积的有效改造方法。顶部的加建必然导致建筑物外观的整体受到一定的影响，若对建筑外观有严格要求，那么需慎重使用这一改造手法顶部加建示意图如图 2-5 所示。

② 地下增建。在对既有建筑进行改造却又不能破坏建筑外观的情况下，且在地上空间不能满足使用要求或者对既有建筑的风貌保护比较严格的时候，可以考虑发展地下空间，尤其在一些大的空间结构的建筑物中最为适用。同时，由于开发地下空间对既有建筑的布局、风貌影响最小，因此在重要的历史保护性建筑中许多建筑设计师多采用这种方法。地下增建利用楼梯衔接，如图 2-6 所示。

2）利用中庭或入口的水平连接。对既有建筑室内空间改造时，采用中庭或入口的方法，对空间进行水平扩建是新旧空间连接的一种手法。这为妥善处理二者之间的关系提供了一种新的途径，利用中庭或入口灵活多变的空间特点，可以巧妙地将新旧建筑空间融为一体。

图2-5　顶部加建示意图　　　　图2-6　地下增建利用楼梯衔接

2. 局部空间更新改造

局部空间的重构具有规模小、时间短、操作灵活、造价相对低等优势，因此被广泛地运用于实际改造工程之中。这种方式往往更加灵活、更加多样化和生活化，可以使既有空间得到最大化的利用。

（1）局部增建

1）插入新空间。新的功能必然会对室内空间提出新要求，有时就需要在既有建筑与新建筑间增建新的功能空间，常见的插入新空间的改造部位有：小书房、楼梯、走廊、门厅和中庭等。

2）局部加建。根据室内空间新的功能要求，在既有建筑的室内上方或室内空间中间增加一个新的功能空间。由于局部加建的部分涉及整个建筑物受力的变化，首先需要对整个既有建筑的结构情况进行分析，对局部加建而使整个建筑物受力变化的影响进行精确验算，当局部加建不会给既有建筑带来危险时，才能采取相应的加建措施进行加建。

（2）局部拆减　在对既有建筑更新改造时，为了更好地改造既有内部空间，有时也会适当拆除既有建筑的部分内部结构，对建筑内部空间进行重新划分。室内空间局部拆减可以使空间跨度增大，提供了更多的回旋余地。

2.1.2　空间结构增层

我国虽然幅员辽阔，但可建设用地资源稀缺，可建设用地供给问题十分突出。当前，我国政府对既有建筑的改造做了大量的工作。例如，北京通过对老旧小区的综合改造来改善居民的居住环境，通过对既有建筑进行"加高、加肥、加长"来提高土地使用率，增加建筑的容积率。目前增层改造存在的问题是：由于老旧小区当初建设时并没有完善的国家规范，很多指标并不满足现在的国家标准，所以对老旧小区的改造也不应该用现在的标准和规范来约束。我们应该解放思想，采取相应的措施，重新制定一些适应当前老旧小区改造的政策。

德国对既有建筑增层改造起步时间较早，其既有建筑改造市场化运作模式对我国既有建筑改造具有借鉴意义。德国对既有建筑的改造主要为节能型改造和增层改造。为了使既有建筑增层改造工作规范有序，德国政府制定了既有建筑增层改造政策法规及优惠政策，见表 2-1。

表 2-1 德国既有建筑增层改造政策法规及优惠政策

政策法规	联邦政府制定强制性节能标准——《德国建筑节能技术法规》，该法规适用于新建建筑和既有建筑的增层改造
	州政府根据当地情况制定了管理办法并出台了相应的既有建筑改造管理措施
	相关法律对改造后的利益分配进行约束。关于改造后的租金，政府也有法律规定，即建筑公司或产权单位可以通过提高租金的方式来逐步收回增层改造资金，但是不能将改造成本全部转嫁给租户
优惠政策	对于符合政府规定的改造项目，政府给予一定程度的贷款优惠
	除抗震加固和增层改造外，一些改造项目如果还采取了其他的节能措施，如安装太阳能和热回收装置等，也可以申请节能专项贷款优惠
	新能源给予的优惠政策，鼓励太阳能等清洁可再生能源利用，同时还有建筑利用太阳能发电实施并网的优惠政策

美国在 20 世纪 70 年代就把改造既有建筑和建造新建筑列于同等重要地位，1985 年，美国建筑维修改造市场进入全盛时期，商业、工业和办公楼的增层、加固和节能改造的投资规模已经达到 965 亿美元。增层改造的代表性建筑有美国联邦储备银行等。

英国把既有建筑增层改造作为建筑发展计划的中心。从 20 世纪 70 年代开始，英国改变了大规模"拆旧建新"的建设模式，转为保护性增层、加固改造和内部设施维护等。1978 年的增层、加固改造的投资规模是 1965 年的 3.76 倍。

日本在 20 世纪 70 年代就制定了既有建筑增层改造的有关政策，致力于建筑增层改造和高层建筑的维修工作。

1. 既有建筑增层改造鉴定

目前既有建筑的增层改造已被提升到显著的位置，在增层改造过程中，既有建筑大部分都存在不同程度的结构缺陷、设备老化等问题，而且不满足抗震要求。因此，在既有建筑增层改造前，需对其进行结构的检测、鉴定和评估，然后根据评估结果确定既有建筑是否具备增层改造的条件，增层改造后的建筑是否满足结构安全和抗震要求。既有建筑增层改造工程技术鉴定内容主要有以下几个方面：

1）地基基础方面：土层和土质类型的情况、原设计基础的承载力、基础类型与大小、深度、材料以及地下水位的变化。

2）既有建筑的平面、立面、剖面和结构布局，以及使用和现状的评估。

3）既有建筑物的墙体、梁、柱等结构构件是否存在明显的破坏或裂缝，主要结构的尺寸、材料、砖、砂浆强度、结构构件连接等。

4）既有建筑的女儿墙、山墙、内墙、隔墙和楼梯等的现状，相邻建筑物的情况，如建筑物高度、地基深度等。

根据结构可靠性鉴定基本要求，既有建筑增层改造必须有检测和评估的过程。既有建筑增层的后期使用寿命如何计算，包括增层后既有建筑的使用年限的计算、新增层部分使用年限的计算等问题，都需要有相应的规定。民用建筑的评估等级包括安全性、正常使用性和适用性评级三个概念，其中有关的分级标准应符合GB 50292—2015《民用建筑可靠性鉴定标准》的有关规定，抗震鉴定评级应符合GB 50023—2009《建筑抗震鉴定标准》的相关规定。

2. 既有建筑增层改造原则

既有建筑在增层改造时需考虑与抗震加固相结合的方式来改善既有建筑的功能。现有的建筑物分层改造应以检测鉴定的结果为基础进行分层结构设计，充分发挥既有结构（包括基础）的承载力。应考虑各种不利因素，以确保增层后的结构在改造过程中应符合以下原则：

（1）安全可靠原则　建筑物增层改造的结构设计应符合国家现行结构设计标准，增层与抗震改造结合应采用合理的结构体系，力求计算简图符合工程实际情况，传力路线明确，刚度和强度分布合理，构造措施可靠，新老结构的抗震能力及关系协调一致，应尽量减少由于既有建筑物的承重结构增层而产生的附加应力和变形。对抗震设防要求较高的地区应遵循"先抗震加固，后增层改造"的原则。

（2）经济合理原则　充分发挥既有建筑物的承载能力，既有建筑物应采用轻质高强度材料进行改造，降低附加部件的重量。分层和结构加固的结合增强了既有建筑的功能和设施，从而改善了其使用功能。

（3）有利抗震原则　建筑物的增层改造设计应符合 GB 50011—2010《建筑抗震设计规范》（2016 年版）的规定，建筑的增层设计应具有合理的地震力的传递路径、充足的承载力、适应性良好的变形能力，及较强的能量吸收能力。设置多条抗震防线，以避免因某些结构或部件损坏而导致整栋建筑物倒塌或损坏。

（4）方便施工原则　应考虑在增层改造期间和施工完毕之后增层改造对相邻建筑物的不利影响，同时，在建造增层期间应尽可能缩短施工工期，避免噪声、灰尘和其他污染。

（5）节约能源原则　在建筑增层施工过程中，需要做到"四节一环保"（即节约用能、节约用地、节约用材、节约用水和环境保护）的要求。建筑改造部分必须符合国家能源管理项目的相关要求。

（6）美观实用原则　平面设计应在满足使用要求和建筑功能的前提下考虑结构布置的合理性。采用直接增层设计时，新增部分应与原建筑的墙体和立柱相对应，浴室和厨房上下部分也要对应。建筑设计采用增层改造，可以改善使用功能，改善外立面，但建筑外立面设计应与相邻建筑风格保持一致，并且与城市景观或社区建设相协调。

3. 既有建筑增层改造程序

既有建筑增层改造程序如图 2-7 所示。

4. 既有建筑增层改造方法

（1）直接增层　对既有建筑适当处理后，不改变结构承重体系和平面布置，在其上部直接增层。案例工程增层改造前、后对比如图 2-8 和图 2-9

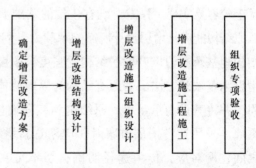

图 2-7　既有建筑增层改造程序图

所示。该方法适应于原地基结构满足承载力和变形要求，或经过检测鉴定、加固后可直接增层的建筑，但增层数量不宜大于三层。具体改造方法的选择要根据既有建筑结构的实际情况。直接增层的方法一般适用于多层砖房结构、底层框架上部砖房结构、多层内框架砖房结构、多层钢筋混凝土结构房屋，这四种结构的房屋在既有住区的建筑中也较为常见。

图 2-8　增层改造前

图 2-9　增层改造后

在一般建筑物的长期荷载下，由于地基土的压缩和固结，土壤的承载力会得到提升。当采用直接增层方法时，首先计算增层部分的结构内力，然后将内力加到既有建筑物上，并计算既有建筑物的承载能力，主要包括地基承载力计算，钢筋混凝土结构的抗弯和抗剪试验，砖混结构承重墙的承载力四个方面。检查框架结构的框架承载能力，并将屋面板改为楼面板后的承载能力。

20 世纪 50～70 年代的建筑以多层砖混结构为主，且层数多为四层以下，该时期的此类建筑多具有小开间、层数较少的特点，如果对于建筑改造没有增设大空间层的要求，在既有建筑基础上增设三层以下的结构，总层数控制在 6 层以内，技术上较容易实现。只需对既有建筑的基础承载力和围护结构的强度进行验算，确认原结构能满足增层设计所需的承载力、刚度和抗震设防烈度的要求即可；若原结构地基承载力以及围护结构的强度、刚度不能满足增层设计的要求，则应考虑增设承重墙的方法。若原有结构为纵向墙体承重，在改造时可将横向墙体进行加固，并将其设为承重墙；原结构为横向墙体承重构件时，将纵向墙体增设为承重墙。采用这种增层方案时，应注意新增结构与原有结构之间的连接；上下层之间柱网对应，传力途径明确；切不可在下层无承重构件的部分上设置受力构件。

对既有建筑采用直接增层法时，应根据实际情况在进行直接增层前对既有建筑进行加固，加固方法见表 2-2。

表 2-2　既有建筑直接增层前的加固方法

混凝土结构加固方法	增大截面加固法
	置换混凝土加固法
	外粘型钢加固法
	外粘钢板加固法
	粘贴碳纤维复合材料加固法
	高强度混合网片 – 聚合物砂浆加固法
	外加预应力加固法
砌体结构加固方法	增加双面板墙加固法
	单面板墙加固法
	喷射混凝土法
	增设扶壁柱加固法
	外包钢加固法
	预应力撑杆加固法
	增设圈梁及构造柱加固法
	局部拆砌加固法
	裂缝修补加固法
抗震加固	板墙加固法
	外加柱加固法
	壁柱加固法
	混凝土套加固法
	砌体结构隔震托换技术

在对既有建筑进行直接增层改造时，既要计算增层荷载作用下地基的容许承载力，还要考虑地基的沉降变形。在地基承载力验算时应采用以下公式：

轴心荷载作用下

$$P = \frac{F + G}{A}$$

在偏心荷载作用下

$$P_{max} \leq 1.2f$$

$$P_{max} = \frac{F + G}{A} + \frac{M}{W}$$

式中　P——地基承载力；

　　　G——地基自重；

　　　A——截面面积；

　　　W——截面惯性矩；

　　　f——极限承载力。

如果原基础是砖基础，则砖的强度等级不应低于 MU7.5，砂浆不应低于 M2.5，纵横比不小于 1:1.5。如果原基础是混凝土基础，除了满足相关国家标准限值的纵横比外，还应进行抗剪强度检查。如果原基础是钢结构混凝土条形基础，应检查底板和基础梁的配筋，并进行冲压和剪切强度试验。增层建筑的构造措施应符合表2-3中的要求。

表2-3 增层建筑的构造措施要求

构造部位	要求
圈梁处	增层建筑各层应设有圈梁，以提高其整体性和空间刚度，使增层部分的荷载均匀地传递给原始建筑物，防止增层后不均匀沉降
砌体砂浆	提高砌体的砂浆强度等级，以保证砌体结构的牢固稳定，增层部分砌体砂浆强度等级不应小于M5，砌体结构转角处应设拉结钢筋
门窗洞口	承重墙上的门窗洞口应上下对齐，以便于结构受力明确和立面保持统一

在框架结构上增层时，梁柱部分是否增加截面应该由承载能力计算和刚度要求确定。同时要在新老柱子的接头处增加附加纵筋和加密箍筋。在框架梁中，梁的上部和下部至少应有两根通长钢筋。为了防止梁柱的拉裂，钢筋搭接长度应满足国家相关标准的规定。

（2）外套框架增层法 当既有建筑增层层数较多、荷载较大或增层部分需要较大的开间，既有建筑的墙体、柱和基础等不能满足承载力的要求时，通常采用外套框架增层法对既有建筑进行增层。外套框架增层法可以避免直接增层法中如原有结构承载力不足的弊端。

外套框架增层法即在既有建筑物增设外套结构，增层荷载通过在既有建筑物外新增设的墙、柱等外套结构，传至新设置的基础和地基上。该方法适用于层数较多的情况，并且原始承重结构或基础难以承受过大的增层载荷的情况。既有建筑物的增层建筑通常受客观条件的限制。大型建筑机械和设备难以起作用，并且施工也会对原始结构构件产生不利影响。因此，通常应根据建筑结构的现有条件，采用直接增层法、外套框架增层法、室内增层法等。在这些方法中，外套框架增层法是较常用的方法。

外套框架增层体系对增层数限制要求较小。外套框架增层的新老结构的常用处理方法见表2-4。

表2-4 外套框架增层的新老结构的常用处理方法

结构类型	常用处理方法
既有建筑为砌体结构	增层部分为外套混凝土框架或框架剪力墙结构，新老结构完全脱离
新老结构均为混凝土结构	新结构的竖向承重体系与原结构的竖向承重体系相互独立，新老结构共同抵抗水平抗侧力
	构建相互连接，组成新的构架体系

外套框架结构可分为两大类：第一类是分离式外套框架受力体系，第二类是协同式外套框架受力体系。

分离式外套框架受力体系即既有建筑结构和新增结构完全脱离，各自的垂直载荷和水平载荷是独立的，其水平净空距离符合抗震和施工的要求。该分层方法的受力计算简单明了，外套框架独立承担增层部分的荷载，但当既有建筑物数量较大或抗震设防烈度为 7 度时，由于新旧建筑物没有垂直连接，外壳结构的下面的柱子太长，导致外框架结构上重下轻形成"高鸡腿"建筑，对抗震能力极为不利。因此，该方法在地震区不宜采用。

协同式外套框架受力体系即既有建筑结构与新增外套增层结构相互连接，共同承受增层部分的荷载，协同式外套框架受力体系又可分为铰接和刚接（见表 2-5）。由于刚接受力情况比较复杂，缺乏试验数据和震害资料的实证，目前还没有系统完整的理论分析。

表 2-5　协同式外套框架受力体系铰接、刚接形式

铰接、刚接形式	具体做法
协同式外套框架——铰接	在协同式外套框架结构铰接连接中，新旧结构通过设置滑动扣件、咬合件、锚杆箱体等铰接方式连接，使新旧结构共同抵抗水平荷载，独立承受各自的竖向荷载，如图 2-10 所示
协同式外套框架——刚接	在协同式外套框架结构刚接连接中，新旧结构通过设置钢拉杆、钢筋混凝土嵌固件、砂浆锚杆或在既有建筑物横墙中设置拉结筋后浇筑于外套框架中等方法连接，使新旧结构共同抵抗水平荷载和竖向荷载，如图 2-11 所示

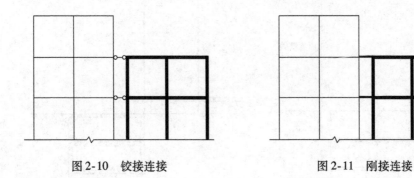

图 2-10　铰接连接　　　　　　　　　图 2-11　刚接连接

外套的框架结构体系类型应根据原始结构特征、增设层数、抗震要求等因素综合确定。应遵循以下原则：

当原始结构是砖混结构并且增层部分是钢筋混凝土框架结构时，新旧结构完

全脱离。当新旧结构均为钢筋混凝土结构时，外套结构柱与原结构通常采用水平铰接连杆的方法相连，使新旧结构共同抵抗水平荷载，独立承受各自的竖向荷载，以减小柱的计算长度和柱的截面尺寸。

外套框架结构的纵向柱应在既有建筑物的层高度处或在楼板的高度处设有纵梁，以形成纵向框架体系。外套框架应与基础刚性连接，并采取有效措施限制基础的侧移。

当原结构层数大于4层，且底部外套柱的横向计算高度很大时，整个外套结构的横向刚度将会减弱。解决的办法除了加强外套柱的强度外，还常采取加固原结构的方法使原结构的横向刚度得以加强，可通过在楼板处设水平连杆的方法与外套框架柱连接，形成一个整体共同承担结构荷载。

（3）下挖增层法 下挖增层法是指在建筑物底层向下挖，实现空间的扩大，加设地下增层从而达到扩大建筑使用面积的目的，如图 2-12 所示。既有建筑下挖增层改造将会改变建筑基础受力或使桩的顶部承载性状发生改变，技术难度也会随下挖深度增加。在选择下挖增层法进行改造过程中，应注意下挖深度不宜过大。随着下挖深度的增加，桩周土对于桩的约束能力会随之下降。在改造过程中，需对改造建筑应进行实测，并借助有限元软件建立模型进行分析。下挖增层法的选择要根据具体的建筑基础形式来定，其并不适用于任何建筑，且对建筑局限性较强、技术难度较大、成本较高，目前的应用较多的只是针对建筑底层进行局部下挖。该法的优点在于：在改建过程中，地上建筑部分不受影响，且外貌、建筑高度等均不发生变化。

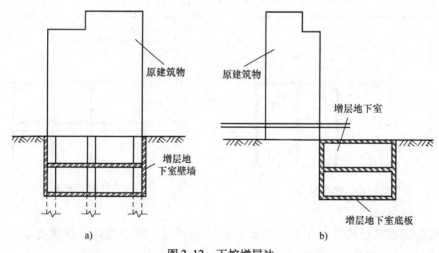

图 2-12　下挖增层法
a）延伸式下挖　b）水平扩展式下挖

（4）室内增层法　建筑室内增层，俗称夹层，当既有建筑的室内净空较高时，可在室内设置增层。既有建筑室内增层改造优点在于几乎不改变既有建筑立面，尤其适用于具有历史价值、极具文化纪念意义、历史文化区等需要对既有建筑外貌进行保护的既有建筑，可以较好地保护建筑原状。在进行室内增层改造时，应注意增层部分与既有建筑的结构基础以及管网布置的相互联系和影响。室内增层法可分为分离式室内增层和整体式室内增层两种方式。

1）分离式室内增层。分离式室内增层是新建结构与既有结构采用不同的承重体系，两个承重体系之间不关联。在不影响既有建筑承重体系的前提下，在改造建筑室内设置独立的框架结构或砌体承重结构作为新增结构的承重体系。应特别注意，在采用分离式室内增层方式时，应在既有建筑与新建结构之间设立施工缝，将既有和新建结构分离开来。由于分离式室内增层占用室内面积，使室内面积减小，一般很少采用这种方式。

2）整体式室内增层。整体式室内增层与分离式室内增层的不同之处在于新设结构增层体系与既有结构连成整体。整体式室内增层一般不占用室内面积，通常被广泛采用。采用整体式室内增层改造方式时，新建结构与既有结构共用一个承重体系，因此应保证既有建筑结构与新建结构之间连接的稳固性和可靠性。整体式室内增层相关规定见表2-6。

表 2-6　整体式室内增层相关规定

增层类型	增设方法
单层室内增加或多层砌体建筑室内楼盖拆旧换新改造	室内纵、横墙与既有结构墙体连接处应增设构造柱并用锚栓与既有墙体连接，新增楼板处应加设圈梁
钢筋混凝土单层厂房或钢结构单层厂房室内增层	新加结构梁与既有结构柱的连接宜采用铰接，当新加结构柱与原厂房柱的刚度比不大于1/20时，可不考虑新加结构柱对原厂房柱的作用
混凝土框架结构室内增层	新增梁与既有边框架柱之间可采用刚接或半刚接，此时应对既有框架边柱结构进行二次叠合受力分析，将既有柱子内力与新增结构引起的内力叠加进行截面验算

2.1.3　空间结构外接

既有建筑改造过程中外接改建形式的实质是在既有建筑周边一定范围内加建一定数量的建筑、构筑物或附属设施，加建建筑与既有建筑作为一个建筑整体。

根据外接部分结构与既有建筑结构的受力情况，可分为独立外接（分离式结构体系）和非独立外接（协同式结构体系）。

1. 独立外接

独立外接结构，即分离式结构体系，是指既有建筑结构与新增结构完全脱离，独立承担各自的竖向荷载和水平荷载（图2-13）。外接部分体量相对较小，但由于独立外接部分与既有建筑相互分离，一般常见于采用砌体结构和钢结构等形式。

2. 非独立外接

非独立外接结构，即协同式结构体系，是指既有建筑结构与新增结构相互连接（图2-14），其主要具有如下特点：

1）非独立外接部分的荷载通过新增结构直接传递到基础部分，再由基础传至地基。

2）非独立外接部分的施工期间不影响既有建筑的施工、使用和维护，即既有建筑部分可不停产、不搬迁。

3）非独立外接的改建形式、新旧建筑之间的节点处理形式可分为铰接和刚接。

4）在沿着混凝土柱的长度方向，每隔一定长度就植入钢筋，与既有混凝土柱连成一体。钢柱可以通过柱脚栓和既有钢筋与既有混凝土柱的承台相连接。钢梁与钢筋混凝土梁的连接方式主要采用铰接的方式，通过使用钢梁的连接螺栓和钢筋混凝土的锚栓，使其联系起来。

5）既有建筑与新建建筑如果是钢结构，则它们的连接常用螺栓连接。

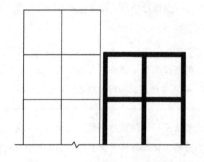
图2-13　独立外接结构示意图

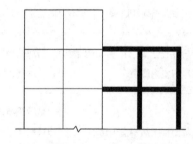
图2-14　非独立外接结构示意图

2.2　建筑立面更新提升

美国著名社会心理学家马斯洛提出的需求层次理论，将人的需求按照层级逐级递升分为 5 个层次，人们对审美等精神上的需求占据顶层的位置。物质生活水平的提高使人们对既有住区提出了新的要求，在这种背景下，既有住区建筑立面的改造显得尤为重要。

2.2.1　建筑外墙改造

既有建筑多数建造年代久远，在过去的建造过程中人们往往忽视了建筑外墙的美观性以及节能性。随着使用时间的增加，部分既有建筑的外墙在进一步更新改造过程中需要对其进行检测加固、美化，为后续使用。

在整个既有建筑中，建筑外墙承担了大部分的保温作用，但是由于既有建筑建造年代久远，建造时多以砖石混凝土为主，总体来看，多数既有建筑外墙结构保温效果非常有限，所以应开展和推广既有建筑外墙改造，进行技术的普及，这样才能让外墙起到应有的保温效果，这也是既有建筑更新改造的重要手段。

GB 50189—2015《公共建筑节能设计标准》将我国建筑气候分为严寒地区、寒冷地区、夏热冬冷、夏热冬暖地区，上述各个气候区的特点对外墙保温隔热的性能提出了不同的要求。

由于建筑能耗主要受到结构传热系数的影响，因此北方严寒、寒冷地区主要考虑建筑的冬季防寒保温性能对墙、门窗、屋顶等围护结构传热系数的数值要求较高。

对于夏季需要满足隔热冬季需要满足保温的夏热冬冷地区，尤其需要考虑单项传热过程的改造。此类地区当改变既有建筑墙体传热系数 K 时，能耗指标并非随着 K 值的减少按照现行规律逐渐降低。

对于主要考虑建筑夏季隔热的夏热冬暖地区，太阳辐射对建筑能耗的影响很大，不能简单地采用降低墙体、屋面、窗户的传热系数，增加保温隔热材料厚度的方法来达到节约能耗的目的。

夏热冬冷和夏热冬暖地区夏季太阳辐射强烈，要降低墙面受到的太阳辐射，同时减少墙表面对太阳辐射的吸收，提高墙体的隔热性能。遮阳措施、墙面的垂直绿化、浅色饰面等措施都是提高墙体隔热性能的方法。

迄今为止，新建的公共建筑、居住建筑都有了相应的设计标准，而且不少地方还结合地区特点出台了相应的地方标准。既有建筑改造应结合地区经济发展，以国家、地方出台的节能标准为指导，分阶段、有步骤地实施。部分民用建筑节能设计对外墙传热系数的要求见表 2-7。

表2-7 部分民用建筑节能设计对外墙传热系数的要求

（单位：W/(m² · K)）

采暖期室外平均温度/℃	代表性城市	外墙	
		体系数≤0.3	体系数>0.3
2.0~1.0	郑州	1.1	0.8
	洛阳		
	宝鸡	1.40	1.10
	徐州	—	—
0.9~0.0	西安	—	—
	拉萨	1.00	0.70
	青岛	1.28	1.00
	济南	—	—
-0.1~1.0	石家庄	0.92	0.60
	德州		
	天水	—	—
	晋城	1.20	0.85
-1.1~2.0	北京	0.90	0.55

目前，在我国墙体保温隔热各类形式中，外墙外保温、外墙内保温和夹芯保温三种形式使用较为广泛，其优缺点对比见表2-8。外墙外保温技术无须临时搬迁，基本不影响用户的室内活动和正常生活，夹芯保温系统具有自身无法避免的问题，因此既有建筑改造不建议采用外墙内保温，推荐采用外墙外保温，目前外墙外保温已成为我国既有建筑墙体保温改造的主要形式。

表2-8 外墙外保温、外墙内保温和夹心保温优缺点对比

类型	优点	缺点
外墙外保温	1. 使用范围广 2. 保护主体结构，延长建筑物寿命 3. 基本消除了热桥的影响 4. 使墙体潮湿情况得到改善 5. 有利于室温保持稳定，改善室内热环境 6. 有利于提高墙体防水和气密性 7. 便于既有建筑物进行节能改造 8. 可相对减少保温材料用量 9. 不占用房屋的使用面积	1. 对保温系统材料的要求较严格 2. 对保温材料的耐候性和耐久性提出了更高的要求 3. 材料要求配套，对系统的抗裂，防火、防水、透气、抗震和抗风压能力要求较高 4. 要有严格的施工队伍和技术支持

（续）

类型	优点	缺点
外墙内保温	1. 将保温材料复合在承重墙内侧，技术不复杂，施工简便易行 2. 保温材料强度要求较低，技术性能要求比外墙外保温低 3. 造价相对较低	1. 难以避免热桥的产生，在热桥部位外墙内表面易结露，潮湿甚至发霉和淌水 2. 内保温需设置隔汽层，以防止墙体产生冷凝现象 3. 防水和气密性较差 4. 不利于建筑外围护结构的保护，会缩短建筑物的使用寿命 5. 内保温板材出现裂缝比较普遍
夹心保温	1. 将保温材料设置在外墙中间，有利于较好地发挥墙体本身对外界环境的防护作用 2. 对保温材料的要求不严格	1. 易产生热桥 2. 内部易形成空气对流 3. 施工相对困难 4. 内外墙保温两侧不同温度差使外墙体结构寿命偏短，墙面裂缝不易控制 5. 抗震性能差

依据 16J908—7《既有建筑节能改造》图集的分类，既有建筑改造的外墙外保温的形式主要分为四种类型，分别是：聚苯乙烯泡沫塑料板（挤塑聚苯板 XPS 与膨胀聚苯板 EPS）薄抹灰外墙外保温系统、胶粉聚苯颗粒保温浆料外墙外保温系统、喷涂硬泡聚氨酯外墙外保温系统和装配式外墙外保温系统。

墙体外保温在进行改造前要进行结构鉴定，必须确保建筑的结构安全。在使用过程中遇到建筑主体结构或承重结构需要根据改造方案增加负荷时，必须由原单位或至少具有同等资质的设计单位对改造后的建筑进行安全性的核验和确认。在对改造建筑进行结构、热工性能及场地环境进行勘察与判定合格后才能进行施工。

对于既有建筑围护结构改造需要重点查勘的内容包括以下四方面：荷载及使用条件的变化，重要结构构件的安全性评价，墙体受到冻害、析盐、侵蚀损坏及结露状况，屋面及墙体裂缝、渗漏状况。

依据既定的节能目标，对围护结构进行节能计算和热工计算的墙体构造层依次为（从内到外）基层、墙体保温隔热层、抗裂砂浆抹面－涂料或饰面砖。其中，保温隔热材料的热工计算参数见表 2-9。

表 2-9　保温隔热材料的热工计算参数

材料名称	导热系数 /[W/(m·K)]	蓄热系数 /[W/(m²·K)]	修正系数	导热系数计算值 /[W/(m·K)]	蓄热系数计算值 /[W/(m²·K)]
膨胀聚苯板	0.042	0.36	1.2	0.005	0.432
胶粉聚苯颗粒 保温砂浆	0.060	0.95	1.25	0.075	1.188
硬质聚氨酯泡 沫塑料	0.025	0.3	1.11	0.028	0.33
挤塑聚苯板	0.030	0.32	1.2	0.036	0.384
岩棉及玻璃棉板	0.045	0.75	1.2	0.054	0.90

　　设计时还需注意，墙身变形缝内填充低密度聚苯乙烯板作为周围密封保温。以聚苯乙烯泡沫塑料板（挤塑聚苯板 XPS 与膨胀聚苯板 EPS）薄抹灰外墙外保温系统为例，采用不同厚度的聚苯板对应的墙体平均传热系数应满足相关要求。

　　确定墙体改造的保温层厚度后，可参照 16J908—7《既有建筑节能改造》图集对墙体、窗台、墙角、勒脚等部位深化设计。

　　外墙外保温系统的消防安全尤其要引起重视，近几年来有关外围护结构保温系统因防范不到位引起的火灾事故频发：2008 年 7 月，济南奥体中心体育馆在施工过程中因工作人员工作不符合规范，电焊操作引燃屋面保温和防水材料造成火灾；2008 年 10 月哈尔滨经纬 360 大厦发生火灾和 2009 年 2 月中央电视台新大楼北配楼发生火灾等。以上火灾事故着火物都是有机保温材料，相关人员操作时并没有注意相应的防火等级要求，外墙外保温系统的防火问题也因此受到越来越多的关注。为规范民用建筑外保温系统消防操作并提高社会对保温材料消防防范的意识，2009 年 9 月，公安部、住房和城乡建设部联合颁布《民用建筑外保温系统及外墙装饰防火暂行规定》，该规定对规范外墙保温市场、减少建筑火灾事故具有重大意义。

　　《民用建筑外保温系统及外墙装饰防火暂行规定》第二章"墙体"对住宅建筑有下列规定：

　　1）高度大于等于 100m 的建筑，其保温材料的燃烧性能应为 A 级。

　　2）高度大于等于 60m、小于 10m 的建筑，其保温材料的燃烧性能不应低于 B2 级。当采用 B2 级保温材料时，每层应设置水平防火隔离带。

　　3）高度大于等于 24m、小于 60m 的建筑，其保温材料的燃烧性能不应低于 B2 级。当采用 B2 级保温材料时，每两层应设置水平防火隔离带。

　　4）高度小于 24m 的建筑，其保温材料的燃烧性能不应低于 B2 级。当采用 B2 级保温材料时，每三层应设置水平防火隔离带。

《民用建筑外保温系统及外墙装饰防火暂行规定》第五章"施工及使用的防火规定"对建筑外保温系统的施工和日常使用的防火要求做出了明确的规定。

因此在对既有住区建筑改造过程中，随着建筑高度的增加，保温材料的防火等级要求也越高，需严格控制。

2.2.2　门窗洞口处理

随着人民生活水平的提高，对于住区的舒适度要求也不断提高，为了达到温度的舒适性，强制采暖空调盛行，导致建筑能耗不断上升。因此，门窗等围护结构的热阻和密封性就显得尤为重要。既有建筑相对于新建建筑而言年代久远，技术水平不高，技术不合理性之处较多，因此既有建筑的门窗改造的潜力较大，且效果更为显著，建筑节能的效果较为明显。既有建筑节能改造应以现行国家标准、地方节能设计标准、规范为依据，我国不同建筑气候区对外窗热工参数的要求见表 2-10。

表 2-10　我国不同建筑气候区对外窗热工参数的要求

围护结构/气候区		严寒地区 A 区围护结构传热系数限值		夏热冬冷地区围护结构传热系数和遮阳系数限值	
		传热系数 $K/[W/(m^2 \cdot K)]$		传热系数 $K/[W/(m^2 \cdot K)]$	遮阳系数 SC（东、南、西向/北向）
		体形系数≤0.3	0.3<体形系数≤0.4		
外窗	窗墙面积比≤0.2	≤3.0	≤2.7	≤4.7	—
	0.2<窗墙面积比≤0.3	≤2.8	≤2.5	≤3.5	≤0.55/—
	0.3<窗墙面积比≤0.4	≤2.5	≤2.2	≤3.0	≤0.5/0.6
	0.4<窗墙面积比≤0.5	≤2.0	≤1.7	≤2.8	≤0.45/0.55
	0.5<窗墙面积比≤0.7	≤1.7	≤1.5	≤3.5	≤0.4/0.5

不同建筑气候分区对外门窗热工性能指标要求不同，应根据具体情况制定方案。严寒地区、寒冷地区考虑使用双层或三层中空玻璃窗，窗户改造也可在原有窗外加建一层，并能满足对窗户的热工性能指标，常见外窗传热系数汇总见表 2-11，常见外门的热工性能指标见表 2-12。

表 2-11　常见外窗传热系数汇总

窗框材料	窗户类型		空气层厚度 /mm	窗框窗洞面积比 （%）	传热系数 /［W/(m² · K)］
普通钢窗	单框双玻璃		6～12	12～30	3.9～4.5
			16～20		3.6～3.8
	双层窗		100～140		2.9～3.0
	单框中空玻璃		6		3.6～3.7
			9～12		3.4～3.5
	单框单玻 + 单框双玻		100～140		2.4～2.6
彩板钢窗	单框双玻璃		6～12		3.4～4.0
			16～20		3.3～3.6
	双层窗		100～140		2.5～2.7
	单框中空玻璃		6～12		3.1～3.3
			16～20		2.9～3.0
	单框单玻 + 单框双玻		100～140		2.3～2.4
普通铝合金	单框双玻璃		6～12	20～30	3.9～4.5
			16～20		3.6～3.8
	双层窗		100～140		2.9～3.0
	单框中空玻璃		6		3.6～3.7
			9～12		3.4～3.5
	单框单玻 + 单框双玻		100～140		2.4～2.5
中空断热铝合金	单框双玻璃		6～12		3.1～3.3
			16～20		2.7～3.1
	单框中空玻璃		6		2.7～2.9
			9～12		2.5～2.6
塑料窗	单框单玻璃		—	30～40	4.7
	单框双玻璃		6～12		2.7～3.1
			16～20		2.6～2.9
	双层窗		100～140		2.2～2.4
	单框单玻 + 单框双玻		100～140		2.9～2.1
	单框低辐射中空玻璃窗		12		1.7～2.0
	单框中空玻璃窗	双层	6		2.5～2.6
			9～12		2.3～2.5
		三层	9 + 9；12 + 12		2.8～2.0

表 2-12　常见外门的热工性能指标

门框材料	类型	玻璃比例（%）	传热系数/[W/(m²·K)]
金属	单层板门	—	6.5
	单层玻璃门	不限制	6.5
	单框单玻门	<30	5.0
	单框双玻门	30 ~70	4.5
无框	单层玻璃门	100	6.5
塑（木）类	单层板门	—	3.5
	夹板门、夹心门	不限制	2.5
	双层玻璃门	—	2.5
	单层玻璃门	30 ~60	5.0

相对于墙体而言，建筑门窗有较高的传热系数，尤其是构成外围护结构的窗户是建筑能耗的主要部位，因此控制窗户的传热系数显得尤为重要，既有建筑中常见的窗户为单玻实腹钢窗，其传热系数见表 2-13。

表 2-13　单玻实腹钢窗的传热系数

玻璃厚度/mm	传热系数/[W/(m²·K)]
3	6.45
4	6.40
5	6.34
6	6.28

窗户是围护结构的一部分，其与墙体独立且尺寸灵活，可根据需要定制，因此窗户节能改造有多种途径和方法，用户可根据不同的居住需求对窗户进行改造，以窗户的传热系数为主要参考进行选择，从而达到节能的目的。在窗户改造过程中，降低门窗的传热系数一般有两类方法，见表 2-14。

表 2-14　降低门窗的传热系数方法

改造方式	具体做法
将单玻改为双玻、中空、LOW - E 中空甚至真空或真空 LOW - E 等节能玻璃	其传热系数"双玻"是密封性不如中空的双层玻璃，它的传热系数较普通中空低 0.5 左右，而且易结露、雾化等，一般不推荐使用。普通中空是使用最多的，价格也较低。热反射中空玻璃能阻挡大部分太阳辐射，且辐射条件下传热系数的较低，并且有更高的节能率，但比普通中空玻璃贵许多。高性能中空玻璃和真空玻璃或 LOW - E 真空玻璃有更为优越的隔热节能性，而价格是普通中空的 2 ~4 倍
替换门窗框金属材料	将金属门窗框和门窗扇骨架换成高热阻材料，如塑钢型材、断热铝型材，或者将钢、铝框与扇架用塑料异型材包覆起来，降低其传热系数

除此之外，不同种类的玻璃性能不同，不同品种 6mm 玻璃性能见表 2-15。

表 2-15 6mm 不同种类玻璃性能比较

玻璃种类	传热系数/[W/(m²·K)]	可透光率（%）	节能率（%）
普通浮法	5.8~6.2	0.82	0
吸热	—	0.68	7
热反射	—	0.51	12
无色中空	2.8~3.1	0.73	17
热反射中空	2.4~3.0	0.10~0.50	39
LOW−E 中空	1.7~2.0	0.50~0.73	>50
LOW−E 真空	<1.5	0.70	>55
高性能中空 （充氩 LOW−E 非金属 隔条）	1.3~1.4	—	>60

对既有建筑进行改造窗户由单玻改成中空玻璃后，传热系数比普通玻璃大幅降低，且改造中加强了密封性，更能起到节约能耗的效果。

在夏热冬冷地区，考虑使用双层中空玻璃窗，也可以在窗户上安装外遮阳装置；夏热冬暖地区：窗户的节能改造重点是提高外窗的综合遮阳系数，可采用粘贴低辐射遮阳膜的措施。常见外窗遮阳系数见表 2-16。

表 2-16 常见外窗遮阳系数

无色透明玻璃 （3~6mm）	热反射玻璃	无色透明中空玻璃	LOW−E 中空玻璃
0.9~0.8	0.55~0.45	0.85~0.75	0.55~0.4
双层透明玻璃 FL6+FL12+FL6	LOW−E 中空 FL6+12+LOW−E6−75	LOW−E 中空 FL6+12+LOW−E6−50	LOW−E 充气 FL6+12+LOW−E6
0.88	0.66	0.51	0.67

由于窗户之间存在缝隙，如果镶嵌材料之间的缝隙不加以密封，会造成热量的损失。提高窗户的气密性应按照窗及幕墙的气密性要求和标准，相应的规定如下：

GB 50189—2015《公共建筑节能设计标准》中规定：外窗的气密性不应低于 GB/T 7106—2008《建筑外门窗气密、水密、抗风压性能分级及检测方法》规定的 4 级。透明幕墙的气密性不应低于 GB/T 15227—2007《建筑幕墙气密、水密、抗风压性能检测方法》规定的 3 级。

JGJ 134—2010《夏热冬冷地区居住建筑节能设计标准》中 4.0.9 条规定：建筑 1～6 层的外窗及敞开式阳台门的气密性等级，不应低于国家标准《建筑外门窗气密、水密、抗风压性能分级及检测方法》中规定的 4 级 7 层及 7 层以上的外窗及敞开式阳台的气密性等级，不应低于该标准规定的 6 级。

除了提高窗的气密性外，门窗周边（窗扇与窗框）应尽量做到密封，宜对窗框与墙体之间进行合理的保温密封构造设计，以减少该部位的开裂、结露和空气渗透。

2.2.3　建筑外观美化

1. 既有建筑外观美化改造方式

在对建筑进行立面改造之前，根据不同既有建筑物质量和状况的不同，分类别更新、差异化，既有建筑外观美化改造应根据以下方式进行。

（1）绝对保存　对于一些意义十分丰富的既有建筑，由于建造时间久远，立面出现了一定程度的破损，就需要采取绝对保存的方式来进行改造。在进行立面改造的时候，完全按照既有建筑立面原始模样进行修复，在材料的使用上尽量使用原来的材料，使其保存原真性。例如，波兰的奥斯维辛集中营遗址就是采用绝对保存的保护方式进行保护。

（2）嫁接更新　如果既有建筑立面破坏程度非常严重，只剩下残垣，可对其采取嫁接更新的方式。"嫁接"为需要外立面修补既有住区、街道复兴带来希望，"更新"为既有的建筑找到适当的用途，在改造过程中应最大程度保留既有建筑历史外貌或再现建筑场所历史风貌及文化基调长期不变，使既有住区的立面改造处于一种动态、兼容、可持续发展的再生和复兴过程。

（3）有机更新　对于一些既有建筑立面价值并无丰富的历史意义，但是保存相对比较完整，立面出现了一定程度的破损，采取有机更新的方式进行立面的维护性改造。合理运用吴良镛先生的有机更新理论，从城市设计的角度出发，把握轻微改造原则，深入城市进行风貌调研，在对既有建筑立面整体基础信息研究的基础上，整理出一套适合当代人们生活需求的既有建筑立面改造方法。

（4）风格保护　对于并没有很重要的历史价值、破损较为严重的既有建筑进行拆除重建，但是新建筑立面必须要依据既有的建筑风格建造，与周边环境保持一致。案例工程建筑立面改造前后对比如图 2-15 和图 2-16 所示。

（5）原样保护　对于立面破损非常严重、不可使用的既有建筑，可以按照原有的风格进行重建，还原既有建筑立面的历史特色。例如，杭州清河坊商业街在进行立面改造时采取了推倒重建的方式，其改造后的立面具有很强的地域特色，吸引了众多海内外游客来此旅游。

图 2-15　建筑立面改造前

图 2-16　建筑立面改造后

2. 既有建筑外观美化改造的实施

（1）色彩的运用　既有建筑的立面外观尤其是色彩运用能给人直接的视觉冲击感，体现出了一座城市的独有特色和历史印记。建筑外立面色彩运用得当将会营造更加丰富的文化底蕴，使建筑与城市的整体氛围相融合；色彩能给人们一定的心理暗示，起到一定的标志作用，使人印象深刻；建筑色彩尤其能体现建筑的风格、主题和功能。既有建筑立面改造过程中对于色彩的运用能更加充分地对建筑主体进行表达。既有建筑外观色彩设计常用表现方法见表 2-17。

表 2-17　既有建筑外观色彩设计常用表现方法

方法	具体做法
点缀法	可分为两种：其一，运用具有强烈反差的物体，让人们观察后形成感官的认知，从而实现对建筑物的装饰效果并彰显建筑主题；其二，运用的点缀物繁多、大量运用点缀物来起到装饰建筑外观的目的
留置更迭法	将建筑物外观自身原有的一些色彩予以保留，然后在此基础上运用不同色彩展开创意设计，形成强烈的新旧对比，既有复古感又具现代气息，往往会给人意想不到的设计效果
图文法	顾名思义就是在建筑外观设计中运用各种图案和文字的形式，这种方法在广告设计中较为常见，将该种方法运用到建筑外观设计中不仅能够起到良好的装饰效果，同时也能使建筑外观给人以新颖的感官体验
重构法	将各种色彩重新排列组合，使各色彩之间遥相呼应、相辅相成，获得和谐的形象装饰效果。在具体设计时，把多种不同风格的色彩重新组合，最终获得出人意料的装饰效果。需要注意的是，重构法并不是胡乱堆叠色彩，应充分依据建筑物本质、主题及功能等特性，重视色彩运用的同时应保证主次分明，突显重点

　　总体来说，既有建筑的立面改造十分关键，城市色彩是城市文化的重要组成部分，城市环境色彩规划与设计是对城市各个构成要素所呈现出的公共空间色彩面貌综合给予的一种系统化的色彩策略和色彩应用。由于我国地域广阔，在进行既有建筑立面改造时，应根据建筑所在区域的地域特色和建筑所在分区的特点，明确建筑的主色调，以传统的色调为主导来进行色彩控制，使建筑更具地方特色。

　　墙面在建筑立面占有很大的比重，所以墙面色一般很自然地成为建筑的主色调。墙面色的选择应注意与周围环境的色彩衬托关系。环境是建筑的背景，绿树环绕的自然环境与建筑密集的城市环境背景色会有很大的不同。墙面色的选择应考虑建筑的性质，以细部装饰控制、建筑风貌控制为主导进行风格控制。建筑立面色彩改造和墙绘油画案例如图 2-17 和图 2-18 所示。

图 2-17　建筑立面色彩改造　　　　　　　图 2-18　墙绘油画

　　常见的建筑配色主要分为明暗型、单色型、彩色型三种。

　　1）明暗型是指灰、白组合。明暗型的效果取决于基调的明度、各部分的明暗对比和整体的明暗层次。低明度基调有沉静、厚重、肃穆之感；高明度基调有明快、轻盈、淡雅之感；明度弱对比表现柔和、含蓄；明度强对比表现强烈；黑、白、灰分明的明暗层次给人以丰富和条理清晰的感觉。明暗型很容易与各种色彩的建筑环境匹配。在浓艳的色彩环境中，明暗型具有群体调节作用和自身强调作用。

　　2）单色型是指墙面采用单色调，或单一色基调配以白、灰的类型。单色型具有单纯、鲜明的造型效果。单一色由于深浅、浓淡，色调的细微差别，可以造成千差万别的变化，适应多种多样的表现要求。单色型实施简便、经济。效果容易控制，单色型是建筑色彩造型中实际应用最普遍的一种。

　　3）彩色型是指墙面由不同色彩组成。彩色型具有色彩丰富的效果，彩色型设计中应注意不同色彩之间的协调。由于建筑是大体量的工程结构物，所以在建筑上使用色彩不可能像画家使用调色板那样随意。但是其基本的色彩和谐规律是一致的。有秩序的色彩组合有利于表现和谐感。

设计时应充分注意面积对色彩和谐的影响。在墙面上大面积采用高纯度色容易引起视觉疲劳。反之，大面积低明度色也容易使人感觉沉闷。墙面在建筑立面的色彩造型中通常是起背景作用的，色彩种类过多，容易产生杂乱、花哨等不和谐感。综合上述，建筑墙面的用色应本着明度高、纯度低、色彩品种少这样几条原则才容易取得较好的效果。

（2）材料的选择　随着我国现代化的发展，现代材料的应用越来越广泛。在对既有建筑进行建筑立面改造的时候，想要完全或者大规模地应用本地的建筑材料是不实际的。因此，可选择部分采用本地的传统建筑材料，部分采用新型建筑材料的方式。这样可以对建筑材料的使用进行控制，也是保证既有建筑得到文化传承的一种重要手段。例如，在重庆天地的改造中，许多建筑立面的改造都含蓄地引入了新的建筑材料，如工字钢梁、大面积显框玻璃窗等。

建筑物所用材料在建筑表达上十分关键，其颜色、质感和纹理等特性给人以真实、具体的感受，一定程度上决定了建筑物的视觉效果。建筑色彩的运用其实就是以材料选择为前提的。随着社会发展和科技进步，建筑材料的品种、花色越来越多，为建筑色彩的表现提供了极大的便利。材料的固有色一般是指在天然光照射下材料呈现出的颜色，实际上，不同环境条件下我们看到的材料颜色有所不同，并不是一成不变的。材料的颜色主要取决于材料的光反射、观看时投射于材料上光线的光谱组成、观看者眼睛的光谱敏感性三个方面。

从色彩设计的角度选用材料，注重的是建筑的表面效果。有的饰面材料仅是结构材料的一种表面处理，如拉毛混凝土或其他装饰混凝土。面层同结构材料还有清水砖墙、清水混凝土等，也有起围护作用不是承重结构的，如玻璃。建筑物内外表面的饰面材料基本上可分为两大类：一类是取自大自然中，保留天然色彩、纹理的材料，这类材料一般经过表面处理和加工，如石材、木材等，如图2-19所示，也称为天然建筑材料。另一类是玻璃、金属、塑料、人造饰面等现代材料，如图2-20所示。这一类材料加工深度大，往往伴随复杂的化学反应，也称为人造饰面材料。材料的选用除了考虑颜色、质感和纹理等美观因素外，还要兼顾防水、吸声、绝热等防护要求，采用适当的构造方式与固定方式，达到建筑上的使用要求。

建筑外装饰材料是指用于建筑物室外环境的装饰材料，主要是饰面材料。一般常用部位是外墙和室外地面。外装饰材料主要分类及视觉感受特点见表2-18。

a)　　　　　　　　　　　　　　　　　　b)

图 2-19　天然饰面材料

a）石材饰面材料　b）木材饰面材料

a)　　　　　　　　　　　　　　　　　　b)

c)　　　　　　　　　　　　　　　　　　d)

图 2-20　人造饰面材料

a）玻璃饰面材料　b）金属饰面材料　c）塑料饰面材料　d）人造饰面材料

表2-18 外装饰材料主要分类及视觉感受特点

分类		视觉感受及特点
天然石材	大理石、花岗石等	天然石材材质坚硬，颜色和纹理多样，磨光的成品有光泽且易清洁。常用的天然石材是大理石和花岗岩，其中大理石的化学成分主要是碱性碳酸钙，易被酸侵蚀，一般不宜用作室外装饰材料
人造石材	人造大理石、人造花岗石等	人造石材主要指人造大理石或人造花岗石，属混凝土范畴，品种较多。主要有水泥型和树脂型人造石材、水磨石饰面板、水泥花砖等。其中树脂型产品光泽好，颜色鲜艳亮丽，加工成型也较易
陶瓷制品	面砖、陶瓷砖等	陶瓷制品实际上是陶器与瓷器的总称。陶器质地较硬但不密实，有一定的吸水性；而瓷器基本不吸水，密实且强度高，外观呈半透明状。建筑常用的面砖质地介于陶与瓷之间，这一类产品通称炻器，也称半瓷
玻璃制品	玻璃马赛克、彩色吸热玻璃等	玻璃制品在建筑上得到广泛应用。它因为具有透光和透明性，隔热、保温等多种优良性能而备受关注。尤其是新型玻璃制品（如安全玻璃、保温绝热玻璃、镭射玻璃和玻璃砖等）的出现拓展了其应用空间，也提高了建筑的表现力
金属材料	铝合金、不锈钢、装饰板材	铝材、钢材等得益于合成高分子工业的发展，大量用于民用建筑中。金属罩面板材主要有不锈钢板、彩色钢板、铝合金板、镀锌钢板、镀塑板等，其共同点是安装简便，耐久性能优越，装饰效果良好
水泥材料	白水泥、彩色水泥、装饰混凝土等	水泥材料用作饰面一般有两种情形：一种是表面处理，如表面拉毛、压成花纹等，另一种采用水泥、彩色水泥等作为面层材料。装饰混凝土分为清水混凝土和露骨料混凝土两类，清水混凝土保持了混凝土的原有颜色和质感效果
外墙涂料	各种油性、水性涂料等	外墙涂料用作饰面是一种简便、经济的方法，缺点是时间上耐久性不强，要定期维护、翻新。其装饰特点是只改变色彩并不改变墙面的质感
碎屑饰面	水刷石、干粘石等	碎屑饰面有一定的质感效果，远看与涂料相差无几。干粘石比水刷石经济，牢固度稍欠，色彩效果取决于彩色的小石粒和水泥基色

外装饰材料不仅能使房屋看起来赏心悦目，而且还有防护功能，提高房屋的使用寿命，增加使用的舒适度。不同材料因生产加工方式的不同，性能各异，给人的视觉感受大不一样，在建筑材料选择时应综合考虑。

除了建筑材料的选择，在室内外设计中，作为一种非实体的因素，光线因素越来越受到重视，在某些设计中甚至成为主角。为了充分地表现设计意图，光影效果在表现图中变得重要起来。灯光不同，会使相同的材料产生微妙的色彩变化，在表现上一定要注意到这些。若能恰如其分地布置灯光，则能使乏味单调的室内空间顿时光彩照人。

2.3 屋顶更新改造

2.3.1 屋顶保温处理

作为既有建筑围护结构节能改造的一部分，建筑屋顶节能改造同样占有举足轻重的地位。以夏热冬暖地区为例：福州是典型的夏热冬暖地区，对其地区的屋顶进行热工测试，传热系数 $K=3.0$ 的普通架空通风屋顶，当内外表面最高温差在 5℃ 左右时，房屋居住感受较差，有明显的炙烤感；当对传热系数为 $K=1.13$ 的挤塑泡沫板屋顶测试时，屋顶内外表面有 15℃ 左右的温差，房屋居住感受较好，整体感觉较舒适。因此，实施屋顶的保温隔热改造，提高屋顶的热工性能有着十分重要的意义。

既有建筑节能改造应以现行国家或地方的节能设计标准、规范为依据，表 2-19 汇总了我国不同建筑气候区对屋顶热工性能的要求。

表 2-19 我国不同建筑气候区对屋顶热工性能要求汇总

[单位：W/(m² · K)]

建筑气候分区和采暖期室外平均温度/℃		体形系数≤0.3	0.3＜体形系数≤0.4	传热系数
严寒及寒冷地区	−2.0~2.0	0.8	0.6	—
	−5.0~−2.1	0.7	0.5	—
	−8.0~−5.1	0.6	0.4	—
	−11.0~−8.1	0.5	0.3	—
	−14.5~−11.1	0.4	0.25	—
夏热冬冷地区		$K≤1.0, D>2.5$	$K≤0.6, D>2.5$	—
		$K≤0.8, D≤2.5$	$K≤0.5, D≤2.5$	—
夏热冬暖地区		—		$K≤1.0, D≥2.5$
		—		$K≤0.5$

注：D 为屋顶惰性指标。

既有建筑屋顶节能改造形式主要包括干铺保温隔热屋顶、架空保温隔热屋顶和蓄水隔热屋顶。

1. 干铺保温隔热屋顶

（1）正置屋顶 常见的正置屋顶保温的做法是由保护层、防水层、找平层、泡沫玻璃保温层、粘结层、找平层（找坡层）、基层组成。保温层置于防水层下，其结构如图 2-21 所示。

（2）倒置屋顶　倒置屋顶保温做法是将保温层在防水层之上设置，从而使保温层处于敞露形式的一种屋顶做法，该方法保温层上部的保护层具有良好的透水和透气性。既有住区建筑改造中，宜采用倒置式屋顶作为干铺保温隔热屋顶的主要形式，具体结构如图 2-22 所示。

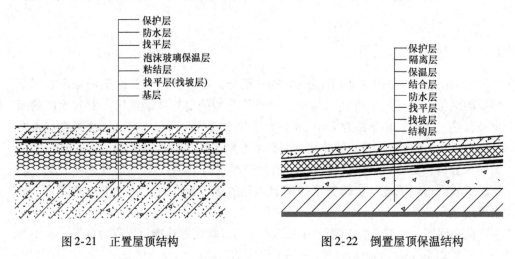

图 2-21　正置屋顶结构　　　　　　　　图 2-22　倒置屋顶保温结构

2. 架空保温隔热屋顶

架空保温隔热屋顶一般是在坡屋顶中设进风口和出气口，利用屋顶内外的热压差和迎风面的风压差组织空气对流，形成屋顶内的自然通风，以减少由屋顶传入室内，从而达到隔热降温的目的。依据《既有建筑节能改造》对架空屋顶进行的深化设计，在建筑结构许可的条件下，将多层住宅平屋顶改建成坡屋顶并设置架空层，不仅能改善住宅性能和建筑外立面效果，而且可以达到保证顶层住户室内居住环境不变的效果。

《民用建筑外保温系统及外墙装饰防火暂行规定》第三章"屋顶"规定，住宅建筑应符合下列要求：

1）对于屋顶基层采用耐火极限不小于 1.00h 的不燃烧体的建筑，其屋顶的保温材料不应低于 B2 级。其他情况，保温材料的燃烧性能不应低于 B1 级。

2）屋顶与外墙交界处、屋顶开口部位四周的保温层，应采用宽度不小于 500mm 的 A 级保温材料设置水平防火隔离带。

3）屋顶防水层或可燃保温层应采用不燃材料进行覆盖。

《民用建筑外保温系统及外墙装饰防火暂行规定》第五章"施工及使用的防火

规定"对建筑外保温系统的施工和日常使用的防火要求做出了明确的规定。

3. 蓄水隔热屋顶

蓄水隔热屋顶在气温较为炎热的地区较为适用，在屋顶上蓄水一方面可利用水层隔热降温，达到居住舒适度又能节约能耗；另一方面又改善了混凝土的使用条件，又可避免屋顶直接暴晒和冰雪、雨水引起的急剧伸缩。屋顶储蓄水分的蒸发和流动能及时地将热量带走，且蓄水层充当屋顶热阻，减缓屋顶温度的急剧变化。

蓄水屋顶的隔热机理表现为：一方面，蓄水层中水分蒸发可以实现屋顶的热交换，较大幅度降低了由建筑屋顶带来的能耗损失（分析表明水分蒸发散热量可达太阳辐射得热量的60%）；另一方面，相对于建筑屋顶材料，水的比热容较大，热稳定性好，能有效地缓解室外温度引起室内温度的变化，达到较好的室内舒适度。

2.3.2　屋顶防水处理

屋顶是建筑结构的重要组成部分，对于整个建筑而言，屋顶起到"保护伞"的作用，为建筑"遮风挡雨"。根据坡度不同可以将屋顶分为平面屋顶（坡度 $i \leqslant 10\%$）和坡面屋顶（$i \geqslant 10\%$），建筑的屋顶根据使用功能还可分为上人屋顶和不上人屋顶，不同类型的屋顶有不同的设计形态和结构特征，但良好的防水性能是其基础要求。

既有建筑使用年代久远，屋顶防水屋顶防水施工在房屋建筑中占据着重要的地位。一方面，屋顶是建筑物的最顶层位置，在改造过程中地位尤为重要，如果防水工程做得达不到标准要求，必然会影响房屋的整体使用寿命以及居住安全性和舒适度。在对既有建筑改造过程中需要对屋顶防水工程足够重视，应做好防水材料选择、防水层设计、工程施工质量等各方面工作。

针对屋顶渗漏问题，有人提出了"生态种植屋顶复合排水呼吸系统"的概念，即采用先进生态种植屋顶的防水换气导水技术来达到屋顶防水的目标，主要通过导水、排潮、换气和植被的生态循环解决保温层内积水饱和问题以及内外温差气压问题，达到隔水、防水、美化环境的多重目标（图2-23和图2-24）。

种植屋顶系统在原有防水设计基础上得到发展，生态种植屋顶既克服了卷材防水层强度不足的缺点，又利用了种植层的隔热保温作用，达到降低传热系数的效果，尤其适用于太阳直射时间长，温度较高的地区。其中，客土层能对达到植被培土、排水的作用，又能起到吸水、隔热和保护屋顶以及找坡层或基层的作用。

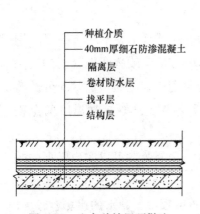

图 2-23　生态种植屋顶做法

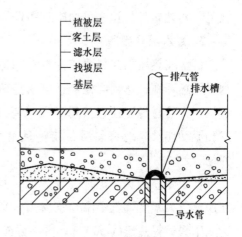

图 2-24　生态循环种植屋顶做法

植被在吸收二氧化碳的同时还可吸收客土层中的水分，其表面的反射热也小，因而在冬季又有较好的保温性能。若干根支管采用分区布置的方式，经过客土层内与屋顶水箱相互连通。植被的生长与建筑屋顶的设计是相互促进的过程，在旱季时，节水灌溉系统给植被提供生长所需的水分确保满足其生长需要，植被的生长反过来又会降低屋面的传热系数，起到保温隔热的效果，如此形成一个大的生态循环系统。

在对既有建筑进行防水改造前，首先需要对原有的防水结构进行检验鉴定。如果既有建筑在原来未进行防水处理或者原有的防水结构已经完全老化起不到防水效果，则需要对既有建筑的防水进行重新构造；若既有建筑防水构造良好，能够满足当地雨水量情况下的防水要求，则只需对原有防水结构进行修补，达到防水相关规定即可。

倒置式保温防水屋顶是将保温层设置在防水层上的屋顶做法形式，是保温隔热屋顶的类型之一。

倒置式屋顶从上到下的构造层次依次是：保护层、隔离层、保温层、结合层、防水层、找平层、找坡层、结构层。倒置式屋顶主要用在寒冷地区，严寒及多雪地区不宜采用，屋顶防水等级为Ⅰ级，防水层材料采用耐腐蚀、耐霉变、适应基层变形能力的自粘聚合物改性沥青防水卷材。倒置式屋顶将保温层设置在防水层之上，其优点是能够更好地保护防水层不被破坏，从而保证防水层完整的防水性能。

架空屋顶是一种在卷材、涂膜防水屋顶或倒置式屋顶上做支墩（或支架）和架空板，采用防止太阳直接照射，在建筑屋顶上表面的隔热措施的一种平屋面形式。它适用于夏季炎热、冬季温暖地区，这样的架空屋顶可以有效地防止太阳直接照射屋顶，起到很好的隔热效果。架空屋顶构造层次从下到上依次是：建筑屋面板结构层、屋顶保温层、建筑找坡层、建筑找平层、建筑防水层、保护层、架空隔热层。架空屋顶边缘距离女儿墙、出屋面的排气道、设备基础等有一定的距离限制，一般是不得小于 50mm。

2.3.3　屋顶绿化设计

屋顶绿化改造是对既有建筑屋顶进行改造当中最常用的方法，可以加强建筑物的环保性能，让建筑物更加适宜居住，绿色改造还能辅助城市的生态绿化建设，提高城市的生态性。屋顶绿化设计如图 2-25 所示。

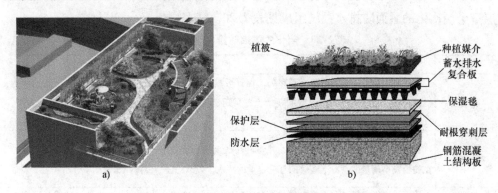

图 2-25　屋顶绿化设计

a）屋顶绿化效果图　b）绿化屋顶组成

屋顶绿化改造在改善建筑物的热工性能方面具有十分明显的优势，屋顶经过绿化改造的建筑即使在阳光直射的情况下也不会吸收太多的热量。研究证明，屋顶的温室和绿化蓄水屋顶会改变建筑物的能耗情况。夏季屋顶会受到阳光光照的影响吸收大量的热量，但是依靠绿色植物，能够将阳光隔离，从而实现对热量的隔离，由此来调整屋顶的气候情况；当进入冬季，绿色屋顶又具有较好的保温性能。因此，屋顶经过绿化改造的建筑具有冬暖夏凉的特性，减少为了调节气温所消耗的能量。

既有建筑原传统的屋顶都是使用沥青来作为防水涂层，但是由于冬季和夏季的气温变化影响，使得沥青很容易出现老化断裂，从而引发屋顶出现漏水的问题。屋顶绿化改造除了能使屋顶具有更强的温度调节能力，还具有更强的环境适应性，可以避免因为材料老化导致漏水的问题。依靠绿色稳定材料进行屋顶改造，还具有很强的社会效益，该方法充分增加了城市的绿化率，并且能够吸收 PM2.5，有助于控制城市扬尘，屋顶的植物也能够阻隔城市当中的噪声，减少噪声污染。

对既有建筑进行屋顶绿化的建设过程中，在选择植被时，应充分考虑屋顶的情况，选择符合要求的植物。屋顶的风比较大，同时比较寒冷，土层也比较薄，根据这些特点，必须要选择适应性较强的植物。一般会选择耐寒性较强的矮灌木植物和草本植物，保证植物能够在屋顶正常生长；要以常绿植物为主，保证植物能够度过冬天；由于屋顶会受到阳光的直射，所以选择的植物应是喜光性的；选择抗风性强、抗倒伏、耐积水的绿植。

屋顶绿化前，为保证屋面改造安全和绿化效果，需要对屋顶进行防排水处理。采用轻质植被以轻型屋顶绿化为主，并采用轻质绿植培养液。在既有建筑屋顶改造过程中，简化的屋顶防排水系统由下至上需要依次做防水层、蓄排水层、过滤层三个层次化的屋面防排水系统组成见表2-20。

表2-20　简化的屋顶防排水系统组成

名称	作用
防水层	能够防水渗漏、防止植物根系穿刺，在日后维护检修绿化屋顶时还可以在一定程度上防止机械损坏。在增强防水层强度的要求上，采用沥青卷材、塑料卷材、橡胶卷材等防水卷材，这些卷材易于加工、抗拉强度高
蓄排水层	能够吸收种植层中渗出的降水，并将其输送至排水装置中，这个过程要求快速排水，同时在初雨及小雨量的情况下能够储存一定量的雨水，以节约屋顶浇灌用水量
过滤层	用于过滤经过种植层水流夹带的泥沙，以防排水层堵塞，并减少水土流失。过滤层可使用纺织品或轻型有机材料，常用土工布铺设，其规格一般为150~300g/cm^2，在接口处的搭接长度不得少于15cm

思　考　题

1. 空间结构分隔可分为哪几种？
2. 整体空间更新改造的方式及其特点是什么？
3. 局部空间更新改造的方式及其特点是什么？
4. 既有建筑增层改造原则是什么？
5. 既有建筑增层改造程序是什么？
6. 既有建筑增层改造方法是什么？
7. 空间结构外接方式及特点是什么？
8. 外墙改造过程中应该注意哪些问题？
9. 建筑外观美化的方法及原则是什么？
10. 既有建筑屋顶节能改造技术主要包括哪几种？其做法是怎样的？

第3章

既有交通更新改造优化设计

交通建设流程包含很多环节，但是在以往的流程建设中往往会忽略各环节的交通优化，即在交通建设时仅以城市规划、交通规划、建设方案、道路设计、道路施工及交通管理为总主线。这种致命性疏忽导致现今既有交通建设中在各个环节都存在问题，为了有效解决既有交通更新改造中的一系列问题，本章节就既有交通更新改造优化设计的内涵进行了详细的讨论，深度挖掘其设计的意义。

3.1 道路交通优化设计

3.1.1 道路交通优化设计原则

一个满足"经济、实用、可持续发展"要求的既有住区交通体系，可大体上分为交通功能、环境保护和资源利用三个模块。其中，交通功能是核心内容，随着交通方式的更新演替，既有住区道路的交通体系已不满足当下时代的发展速度，因此对道路交通体系进行优化设计的重要性凸显，其优化设计原则如图3-1所示。

1. 系统性原则

住区交通体系作为一个完整的系统，应合理衔接既

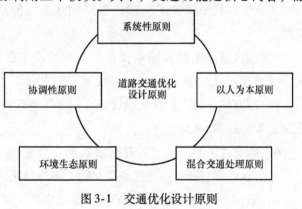

图3-1 交通优化设计原则

有住区的内外交通，妥善安排动态交通与静态交通，高效地组织人行交通与车行交通。道路设施和停车设施的优化设计应具有经济性、实用性、实效性和持续性，集约化使用土地、整合化设计、系统化组织。

2. 协调性原则

道路交通优化设计应：

1）协调既有住区道路交通与住区土地利用之间的关系，道路网优化设计应考虑住区交通流的合理分布。

2）协调交通与环境关系，控制机动车尾气及噪声污染，改善人们的生活质量。

3）协调供给与需求之间的平衡关系，优化居民出行结构。

4）协调交通的动静态关系，解决停车难题。

3. 以人为本原则

既有住区道路交通优化设计应以人为本，一切以居民的便利与需求为主导。同时，方便快捷的车行条件可以为交通环境甚至生活环境提供便利。高品质的道路配置是人性化居住空间的首要条件。然而，高效的道路系统并不意味着大规模、大型或是不合理的道路，也不意味着存在过多开放的空间和未封闭的空间，高品质的道路配置应该是一个合理、经济和安全的系统。

1）现有的住区交通系统不仅要满足居民出行的基本需求，还应满足居民出行方式选择的需要。良好且完整的道路交通体系应满足高效、安全、舒适、方便、准时等要求，并且不以牺牲出行的"质"来满足出行的"量"。

2）住区道路应以人为本。住区道路都应是以行人为主的领域，可以满足行人较长距离的散步而不受干扰，有一定的区域进行休闲放松。

3）道路应布置在开阔的区域，避开陡坡（一般坡度应低于15%），道路应通过减法设置：首先消除不应建造道路的地方，然后再决定应该在哪些地方建造道路。

4）住区道路系统和横断面形式应根据既有住区用地规模、地形、气候、环境、景观和居民出行方式确定，满足经济、便捷、安全等一系列要求。

5）既有住区道路的优化设计应有利于住宅区内的各类土地利用和有机联系以及建筑布局的多样化。

6）既有住区的道路应避开过境车辆，住宅区本身不应有太多通往城镇的道路。内部和外部交通应衔接通畅且平稳，确保居民的安全和保持环境安静。

7）居住小区级和组群级道路应满足地震、火灾及其他灾害救灾要求，便于救护车、货运卡车和垃圾车等车辆的通行，宅前小路应保障小汽车行驶，同时保证行人、骑车人的安全便利。

8）宅前小路及住宅组群、住区公共活动中心，应设置为残疾人通行的无障碍通道，无障碍坡道的宽度应不小于2.5m，纵坡坡度不应大于2.5%。

9）进入组群的道路不仅应方便居民出行，消防车和救护车的通行，还要保持院落的完整性和安全性。

10）山区中的既有住区，当用地坡度大于8%时，应辅以步梯处理竖向交通问题，并应在步梯旁附设坡道，方便自行车、轮椅等使用。

4. 环境生态原则

既有住区道路作为住区居民出行与外部空间联系的必然通道，具备交通和环境景观双重功能，因此既有住区道路交通优化设计应遵循环境生态原则，高效利用土地，加强生态建设，改善住区空间环境。

1）在满足既有住区道路交通基本需求的同时，尽量降低道路交通对住区周边社会、环境的负面效应，并减少空气和噪声污染。

2）重视住区道路空间环境设计特色。既有住区道路的走向和线形对住区建筑物的布置，住区空间序列的组织，住区建筑小品、景点的布置都有较大影响，住区道路线形、断面等应与整个住区优化设计结构和建筑群体布置有机结合，道路网布置应充分利用和结合地形、地貌，创造良好的人居环境。

3）重视既有住区道路绿化设计，创造优美的住区道路景观。住区停车空间与绿化空间应有机结合，美化停车环境。

5. 混合交通处理原则

汽车、自行车、步行三种不同类型、不同速度的交通混行，相互影响，相互牵制，易造成整个交通环境的恶化。从我国国情和既有住区实际情况出发，既有住区混合交通处理应着重以下方面：

1）既有住区内的生活道路应严格限制速度，避免形成不利于机动车行驶的环境，达到减少机动车行驶数量的目的，给非机动车和行人创造安全感，从而使它们自动分流。

2）为汽车、自行车、步行专门建立独立的分流交通系统。建立专用系统，保持各类别交通的完整性和连续性，使机动车和非机动车的驾驶人以及行人都能感到舒适和安全，有利于创造舒适的交通环境。

3）注重道路交叉口的设计。在多种不同交通系统交叉点，可组合出很多的交叉方式，注意差异化对待。同时，改变过去在道路交叉口布置公共建筑、商业网点等做法的习惯，最大限度地净化住区道路交叉口的功能。

3.1.2　道路交通优化设计条件

既有住区道路系统优化设计除了应满足上述设计原则外，还应考虑既有住区现状、发展规模、用地优化设计、交通运输、道路网选线布置与走向自然地理条件、环境保护和突出景观、地面排水和各种工程管线布置等的要求。

1. 交通运输的要求

针对既有住区道路系统优化设计，所有道路应明确界定，划分清晰，具有一定的机动性，形成高效合理的道路交通系统，从而使居住区内的各功能区之间有安全、便捷、高效、经济的交通联系，具体要求如下：

1）居住区的主要用地和功能区之间应有短途交通路线，以便人和货物的最大平均流量可沿最短路径行进，降低运输工作量，节省交通运输费用。住区道路平面优化设计如图3-2所示。

住宅区、社区公共中心和住宅区外部交通站点是吸引人流和车流的场所，因此在道路的优化设计过程中，应注意使这些地方的交通顺畅，以便能及时地

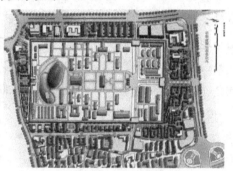

图3-2　住区道路平面优化设计

集散车流和人流。这些交通量相对较大的区域之间的主要连接道路，为居住区内的主干道；交通量相对较小，且不贯穿整个居住区的道路称为次干道。主、次干道网也就构成了既有住区优化设计的平面骨架。

2）既有住区各功能区之间的连接道路应有足够而又恰当的数量，同时道路系统尽可能简洁、规整、醒目，以便行人和车辆辨别方向及保证住区内交通的稳定。

路网密度是考察道路系统的技术经济指标之一。所谓路网密度是指道路总长度（不含既有住区小区内或街坊内通向建筑群用地内的通道）与既有住区内部用地面积的比值。

要确定既有住区内的路网密度，应考虑下列因素：

①道路网的布置应便利交通，居民步行距离不宜太远。

②交叉口距离不宜太短，以免交叉口过密，降低道路的通行能力和车辆行进速度。

③适当划分既有住区内各功能区的面积。

道路网密度越大，交通连接就会更加方便；然而，如果密度太大，则会增加交叉点的数量，影响车辆以及行人的行进速度和通行能力，同时也会造成居住区内部用地浪费，增加道路更新改造成本。

既有住区干道上机动车数量不多，且车速较低，居民主要依靠自行车和步行两种方式出行。因此，其主、次干道网和道路网（包括分支道路和连通路）的密度可稍微增加。

主干道路网密度一般从既有住区内的商业地区通向住宅区，从建成区到新区逐渐递减，以适应居民出行流量分布变化的规律。既有住区建成区道路网密且路幅窄，因此，在老旧既有住区扩建、改建过程中应注意适当放宽路幅，打开一些关键的路口、交叉点，并将个别密度大、窄小的道路改为禁止机动车通行的道路。从机动车行驶角度考虑，封闭某些与干道垂直相交的胡同、街坊路，来控制道路网密度，这对于改善既有住区内部道路网通行能力显然是有很大帮助的。

为交通组织管理创造良好条件。道路系统应尽可能简单，整洁，引人注目，方便行人和车辆辨别方向，便于组织和管理道路交叉口的交通。一个独立的交叉口上的分支街道不宜超过 5 条，交叉角不应小于 60°或大于 120°。大多数情况下，不要优化既有住区内的星形交叉口，出现不可避免的情况时，可将其分解成几个简单的十字形交叉路口。同时，避免在交叉路口设置吸引大量人员的公共建筑物，增加过多的交通负担。

2. 道路网选线布置与走向要求

现有道路网优化设计的布局不仅要满足道路驾驶技术的要求，还要结合地形、地质和水文条件，并考虑与街道建筑、社区和现有的大型公共建筑的接触。道路网络尽可能平直，最大限度地减少土石方工程，为驾驶、建筑群布局、排水和路基稳定创造有利条件。

在地形波动较大的现有区域内，主干道应与轮廓线平行，靠近轮廓布置，避免轮廓接近垂直切割，并根据地面的自然坡度，对道路的横截面组合进行经济合理的安排。当主干道和次干道的布局与地形矛盾时，次干道和其他街道的设置应满足主干道路平滑线的需要。在正常情况下，当局部区域的自然坡度达到 6%时，主要道路和地形等高线可以形成一个小角度。使一般其他道路穿过主干道时没有过多的纵向斜坡；当地面的自然坡度大于 12%时，曲折道路呈线性排列，曲线半径不应小于 13m，并且曲线的两端不应小于 20m 长。为了防止行人在曲折的支路上盘旋，人行梯道通常建在垂直的轮廓线上。

在优化路网布局时，应尽可能绕过恶劣的工程地质区和不良的水文工程地质区，避免经过破碎的地形。这样虽然增加了弯路和长度，但可以节省大量土石方和大量建设成本，缩短建设期，也使道路纵坡平缓，有利于交通运输。在确定道路高程时，应考虑水文地质对道路的影响，尤其是地下水对路基的破坏。

既有住区道路网走向应有利于居住区的通风。中国北方冬季寒流主要受来自于西伯利亚冷空气的影响，因此冬季寒流风向主要是西北风，寒冷往往伴随沙尘和雨雪，因此主干道设置应垂直于西北方向或成一定的倾斜角度布置，避免将积雪和沙子直接吹入既有住区内；在南方地区，既有住区道路的方向应与夏季主导风向平行，以创造良好的通风条件。

道路还应为两侧的建筑布局创造良好的照明条件。从交通安全的角度来看，最好避开街道的东西方向，因为强光会引发交通事故。事实上，南北方向的主要道路都有，并且必须有与它们相交的东西向道路。为了形成主干道路系统，不可能所有主干道路都满足通风和阳光的要求。为此，主要道路的方向最好采取南北方向和东西方向的中间方向，以兼顾日照、通风和临街建筑的布置。

3. 有利于环境保护和突出景观要求

随着既有住区经济的不断发展，交通运输不断增长，机动车噪声和尾气污染日益严重，必须给予足够的重视。一般采取的措施有：

1）合理确定既有住区道路网的密度，以保持住宅楼与主干道之间足够的降噪距离。

2）过境车辆不得穿过现有定居点的内部。

3）控制货车进入居住区。

4）控制拖拉机等对空气污染较大的车辆进入既有住区。

5）考虑街道宽度上必要的保护性绿地，以吸收一些噪声和二氧化碳等，并释放新鲜空气。

6）应沿街道布局和建筑设计进行特殊处理。

既有住区的道路不仅用作日常交通，而且对住区内部及周边景观的形成有着很大的影响。所谓街道的特色是通过线形的曲折起伏，两侧建筑物的进退、高低错落、丰富的造型、色彩多样的绿化以及沿街公用设施与照明的配置等，来协调街道平面和空间的关系；同时把自然风光（山峰、水面、绿地）、历史古迹（塔楼、凉亭、露台、阁楼）、现代建筑（纪念碑、雕塑、建筑小品、电视塔等）贯通起来，形成统一的街景。它在住宅区的现代化中起着重要的作用。必须指出的是，不可为了片面地追求街边景色而把主、次干道改为交叉错位、迂回曲折，会导致交通不畅。住区景观道路优化设计如图3-3所示。

4. 地面排水要求

既有住区街道中心线的纵向坡道方向应尽可能与两侧建筑物线的纵向坡道方向一致。街道的高度应略低于街道两侧的地面高度，以便收集和消除地表水，例如沿集水区的纵向斜坡，非常有利于排水管道和排水沟的敷设。

图3-3　住区景观道路优化设计

在对主、次干道系统进行垂直优化设计时，干道的纵剖面设计应与排水系统的方向匹配，以便顺畅地排放到市政排水管道。由于排水管是重力流管，管道必须有排水垂直坡度，因此街道纵坡设计应与排水设计紧密配合。如果街道纵坡太大，则排水管需要增加跌水井；如果纵向坡度太小，则排水管道又需要在一定路段上设置泵站，无形中增加了建设成本。

5. 各种工程管线布置的要求

随着社会的不断发展，各种公用设施和市政工程管道将越来越多，一般埋在地下，敷设在街道下方。但是，各种管道的使用方式是不同的，它们的技术要求也不同。例如，电信管道应靠近建筑物，虽然该区域本身占地不大，但需要保留较大的人孔；排水管是重力流动管，通常深埋，挖掘沟槽的土地较宽；燃气管必须防爆，并且必须远离建筑物。当几条管道平行敷设时，它们之间需要一定的水平间距，以免在施工期间影响相邻管道的安全。因此，在既有住区道路的设计和设计中，有必要找出哪些管道应该埋在道路下方，并考虑给予足够的用地且合理安排。

3.1.3　道路交通优化设计内容

1. 交叉口优化设计

（1）平面交叉口基本数据的收集和整理　对于既有住区道路交叉口更新改造，由于年代限制，一般情况下没有现状的交通资料数据，只有规划道路等级、设计的车辆速度、道路的宽度、车道数目、既有住区规划入口等基础资料。对于改建或者需要治理改造的路口，需要对当前的交通量、道路的等级、沿线出入口、未来可能产生的交通量等进行详细的资料收集。

（2）分析既有住区道路交通安全存在的问题　交通安全存在的问题，一般情况下包括车辆交通组织、公共交通组织混乱，交通标志损坏，行人非机动车交通组织，标线和交通管理不善等。

（3）交通组织优化设计

1）确定交叉口中心线。交叉口中心线对于整个交叉口是十分重要的，通过细微调整线位或角度，可以使 x 形交叉路口或其他交叉路口转换成十字形交叉口，解决既有住区内的路口可见性、通畅性和均匀性等问题。

2）设计车辆转向车道（左转、直行、右转）和自行车道。路口处的通行能力一般是正常路段的 0.5 倍，所以设置专用车道，增加路口处的车道数量能够有效地提高路口的通行能力。根据交叉口的用地条件，可采用适当拓宽路口道路用地红线、压缩道路绿化带和车道宽度等手段，增加专用车道数量，设置减速带，并组织不同行驶方向的车辆在各自的车道上分道行驶，具体情况还应根据住区内部道路情况而定。

（4）设计交通标志、标线　在十字路口，应特别注意标志和标记的简洁性和清晰度。转向处的周围设置一些合理的标志或标线，提示行人或车辆注意交通安全。转角镜如图 3-4 所示，住区导向牌如图 3-5 所示。

图 3-4　转角镜

图 3-5　住区导向牌

2. 既有住区周边主干道辅道优化设计

（1）辅道公交停靠站优化设计　由于公共汽车站设置在辅助道路上，因此必须考虑辅助道路非机动车辆的影响以及主路进出辅道、既有住区入口进出辅路的影响。

设置方法主要是在人行道（辅道边上专为行人设置的道路）上设置公交站台平台，并且在人行道上设置一条短距离的非机动车道，非机动车可以通过公交车站的无障碍通道进入人行横道，降低安全风险。辅助道路上应给其他车辆足够的交织路段，以便交通通畅。

设计方式主要适用于主干道交通量大，公交车需求量大，辅道车辆较少，其宽度可同时容纳一辆公交车和非机动车的情况。

（2）辅道进出口优化设计
辅道进出口设计包括主干道车辆和小区车辆进出辅路的开口。主干道与辅道之间绿化带开口应该要考虑辅道周边地块是否有单位、社区开口或其他可能会产生不利因素的区域，以及还需考虑辅路公交停靠站

图3-6　辅道设计不合理

的影响。若辅导开口设计不足，则导致主干道和辅导车辆混杂，降低交通能力（图3-6）。

首先应考虑主要道路进出辅道开口设计方法。对于住区周边主干道来说，辅道的宽度一般情况下大于5m，假定绿化带为3m，开口垂直宽度不能太大，可以控制在8m以内，通行宽度可为4m左右；如果开口宽度过大，则有可能致使个别不遵守交通规则的辅道车辆逆行驶入主路。

其次对开口位置的布置进行分析，辅助道路的进入口和驶离口分开设置，单位进出口与辅道开口错开分布，在不影响单位、主路进出辅路的情况下，可以考虑在公交停靠的区段外设置一些停车位，满足停车需求。辅路有公交站时需要在其前后30m之外设置，辅道上有单位或者小区的出入口相隔较近时，需要考虑开口的位置及停车位的设置。

（3）组合优化设计　既有住区内部及周边道路中，存在一些交叉口间距较大，使路段上商户或小区机动车辆掉头存在困难，并且主干道上存在某些车辆需要进入辅道满足掉头转向，所以对于路段上的掉头车道也应考虑优化设计。辅道出口与掉头车道停车线应有一定的距离，满足车流交织长度。也应考虑进入辅道的车辆信号控制行人过街与辅路机动车掉头的情况。该组合优化设计模式适用于部分交叉口间距较大，沿线辅道车辆掉头需求较大的情况。

（4）无障碍设计　通过调研发现，我国大多数城市既有住区缺乏配建无障碍设施，这在一定程度上给我国残障人士和老年人的生活、出行造成不便，且城市老龄化已影响到城市的社会、经济和法律等诸多方面，因此，既有住区改造建设时，无障碍设计是必不可少的增设部分。为此，住区内有必要在商业服务中心、文娱中心、老年人活动中心以及公寓周边等区域设置无障碍设施。无障碍交通规划的主要依据是满足残障人士的出行要求。按照其行为模式对主要人行步道的宽度、建筑物出入口的坡道等进行无障碍设计。

3.1.4 道路交通优化设计方式

1. 既有住区内道路优化设计方式

1）住区内主要道路上至少应设有两个出入口与外部道路相连，且机动车道对外出入口的间距至少为150m。当沿街建筑物长度超过150m时，应设置净空（高×宽）不小

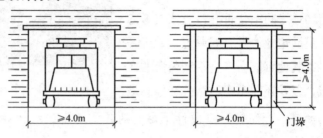

图 3-7　消防专用通道

于4m×4m的消防专用通道，如图3-7所示。人行出口间距控制在80m以内，当建筑物长度超过80m时，应在底层增设人行专用通道。

2）居住区内道路与外部道路连接时，其交角应控制在75°以内；当住区内道路坡度较大时，应设缓冲段或减速带与住区外部道路连接。

3）进入组团级的道路，应满足居民出行方便、利于消防车和救护车的通行、维护院落的完整性和利于治安的要求。

4）居住区内公共活动中心应设置残障人士通行的无障碍通道。通行轮椅的坡道宽度不应小于2.5m，纵坡应控制在2.5%以内。

5）住区内尽端式道路的长度一般不大于120m，并且在尽端应设置不小于12m×12m的回车场地。

6）当居住区内用地坡度大于8%时，应增设步梯处理竖向交通问题，并宜在步梯旁增设专用助推坡道。

7）多雪严寒的山坡地区，在居住区内道路路面或是楼梯设置一些防滑措施（图3-8和图3-9）；在地震设防地区，居住区内的主干道，可采用柔性路面。

图 3-8　防滑路面

图 3-9　楼梯防滑条

2. 无障碍坡道设计方式

1）既有住区室外无障碍坡道最小宽度应根据手摇轮椅尺寸及残疾人士自行操作所需空间确定，坡道宽度不可小于 1.5m。若考虑到护理人员所需空间，则坡道宽度不可小于 2.5m，室外轮椅坡道设计如图 3-10 和图 3-11 所示。

2）在盲人的活动区域的主要道路、交叉口、尽端以及公寓入口应设置引导设施，例如盲文说明牌和触摸引导图，可置于专用台面或悬挂墙面上，供盲人触摸。

3）考虑住区具体情况无障碍坡道可有不同的处理，一般形式有单坡段型和多坡段型。

图 3-10　室外轮椅坡道设计（一）　　　　图 3-11　室外轮椅坡道设计（二）

3.2　车行道及人行道更新改造

3.2.1　车行道及人行道现状

既有住区道路是住区中组织生产、安排车辆行人交通往来的道路，它连接住区各个组成部分包括住宅区、商业区、对外入口、文化教育中心及体育活动场所等。既有住区道路不仅是组织既有住区交通运输的基础，而且是布置既有住区公用管线、街道绿化，组织沿街建筑和划分街坊的基础。

经过调研分析发现，既有住区的车行道及人行道存在不同程度的如下问题：

1. 既有住区道路狭窄，破损严重

既有住区由于年代久远，道路路面破损严重（图 3-12），物业也没有及时修复，再加上最初建造的时候未能考虑到车辆发展的程度，道路一般比较狭窄（图 3-13），在日常生活中给行车、行人带来了很大的困扰。

图 3-12　路面破损

图 3-13　道路狭窄

2. 路网结构不完善，交通流量不均衡

既有住区由于先天优化设计不足，其内部及周边出现很多断头路（图 3-14），导致整个路网没办法融会贯通。再加上道路网密度偏低（图 3-15），致使车辆无法均衡地分布在各条道路上，大部分集中在主干道和个别次干道上，道路资源利用率不高。在高峰时期，主干道和次干道交通压力尤其大。

图 3-14　断头路

图 3-15　路网密度偏低

3. 标志标线设置不合理，缺乏行人过街设施

有些交叉口的标志牌设置不正确或者没有换下没用的旧标志牌，造成新旧标志牌混乱（图 3-16），混淆驾驶人的视线；有的路口的标志牌字体小难以辨清，并且包含了太多信息，让人产生迷惑。另外，车行道的停车线与人行横道标线位置设置不够合理，或缺乏指引标识线（图 3-17）就会使行人的绿灯通行时间及绿灯通行距离过长，信号灯的通行效率降低，再加上行人的过街设施不完善，存在交通安全隐患。

图 3-16　混乱的标志牌　　　　　　　　图 3-17　缺乏指引标识线

4. 公交停靠站设计和站点设置不合理

某些公交车停靠站未设置成港湾式（图 3-18），需占用外侧机动车道或者非机动车道停靠（图 3-19），后面车辆无法顺利通行，形成交通瓶颈，极大地降低了道路的通行能力。另外，站点设置不合理，距离交叉口太近，降低了交叉口进出口道的通行能力，增加公交车的延误时间。

图 3-18　港湾式公交车站　　　　　　　图 3-19　不合理的公交站点

5. 停车设施不足，停车秩序混乱

既有住区某些沿街道路停车需求较多，供给不足，社会车辆随意停放，占用了宝贵的道路资源，人为造成交通瓶颈。特别是中心商业区、重点学校周边路段停车需求较大，但是停车泊位严重匮乏，"停车难、停车乱"的现象突出，如图 3-20 和图 3-21 所示。

图 3-20　违章停车　　　　　　　　　　图 3-21　占用公共道路停车

6. 资金投入不足，基础设施不完善

由于资金有限，致使多项交通管理措施无法落实，行人过街杂乱无章，危险性很高，如图 3-22 所示；另外，既有住区周边主干道、学校周边干道及商业区周边道路缺乏智能过街设施行人过街没有保障，如图 3-23 所示。

图 3-22　缺乏交通管理措施　　　　　　图 3-23　智能过街设施

3.2.2　车行道更新改造

通常情况下，既有住区车行道更新改造应对住区及住区周边的交通情况进行综合考虑，不对其优化设计。采取拓宽、维修和更换路面等更新改造方式对于既有住区行车交通来说是十分重要的一步。

1. 既有住区道路拓宽

既有住区道路的拓宽改造是指在原有路况不变的前提下拓宽两侧道路。与其他道路不同的是，既有住区道路拓宽改造必须全方位考虑现有道路周边土地使用的情况。一般情况下，拓宽路段改造情况比较复杂，如地质条件的差异、既有道路管线排布、周围既有建筑的优化设计情况等造成拓宽道路工程与既有道路衔接较为困难，新旧道路路基沉降差异等影响道路使用安全。

（1）既有住区道路拓宽改造工程建设内容　老旧道路的拓宽改造需要对平纵线形进行调整，对道路、附属设施以及综合管网进行具体布置设计，综合考虑交通组织、既有住区管线、公共设施、绿化景观、生态环境的总体协调。道路拓宽改造工程包括道路工程、附属设施工程、综合管网工程。道路工程主要内容包括道路垫层、基层、面层；附属设施工程主要内容包括排水、护坡、挡土墙、绿化、交通设施、照明、人行道、路缘石、栏杆等；综合管网工程主要内容包括给水、电气、燃气、通信等。

（2）既有住区道路拓宽改造工程特点　道路拓宽改造工程现场情况复杂，为避免造成浪费、节省投资，设计时应对部分既有路基路面进行合理利用。道路多采用水泥稳定碎石基层、沥青混凝土面层，路堤边坡设置护坡挡墙加固原有部分道路及附属设施进行拆除、道路两旁绿化进行移植、地上地下综合管网进行迁改、对可利用路幅沉降路基的破损路面进行挖补处理。道路沿线有密集的居民小区、企事业单位、商业门店，工程建设中不得阻断交通，需要采取相应措施，满足车辆及人们出行的要求，施工前还需要向附近单位及居民进行广泛宣传以取得支持。

（3）既有住区道路拓宽改造工程施工措施

1）施工单位统一管理措施。参与道路拓宽改造工程建设的施工单位可能为多家，若各家施工单位各自为政，现场将一片混乱，必然严重影响施工进度以及大量浪费投资。现场工作面狭窄，参建单位多，交叉作业和协同工作的情况不可避免，现场必须执行统一协调管理。道路工程的施工单位一般承担的主要施工内容有道路、排水、护坡、挡土墙、人行道等，应作为项目统一管理的核心；给水、电气、照明、燃气、通信、交通设施、绿化一般由产权单位或维护管理单位自己组织施工队伍实施，应积极主动配合道路施工单位工作，服从道路单位的施工组织进度安排，服从统一的协调管理，及时完成施工改造任务，为道路拓宽改造顺利施工创造条件。

2）交通组织及转换措施。交通组织转换和施工阶段划分是拓宽改造工程的重点，道路现状车行道、人行道狭窄，有的道路甚至还是单车道双向行使，处于闹市居民住房密集区域车流、人流多，有些路段甚至无人行道，行人、车辆混杂通行，带来极大的安全隐患。道路、给水、电力、通信、燃气等单位纷纷加入施工，现场情况更为复杂，无法保障车辆通行。即使组织分段流水施工，每段施工作业仍需要必要的施工期，可采用分段全封闭施工进行交通组织及转换，在施工区域内预留几条汇车车道,对局部狭窄地带采用加宽等特殊措施以保证交通。根据管网平面位置和埋置深度的要求,采取平行作业施工和先后穿插施工措施,每施工段地下管网和道路排水完成后,加快完成道路基层面层施工,尽量缩短施工时间,分段开放交通,实施转换。沿线安排交通指挥人员,积极配合交通管理部门,保证施工区域内车辆、行人通行畅通和安全。

3)综合管网保护措施。施工前,应全面了解工程范围内综合管网的分布情况,组织管网设计施工单位进行管网交底,在排水及挡墙基槽开挖前,应派专业人员对地下管网进行人工挖槽触探,进一步掌握管线的位置、深度、走向、用途等,采取有效措施保证管线安全,并及时通知管网单位。对于不能避开的管网,由管网单位及时进行迁改处理;对未及时拆除的外露管网,用钢板或木板或加保护管对其进行必要的防护;对悬空管线采取支撑、悬吊等措施加以临时保护。

4)道路基层及面层施工技术措施。改造工程部分利用旧路面基层,为增强新旧路面黏结力,水泥稳定碎石基层施工时,清除新旧基层交界处松动的水泥碎石,交界面摊铺水泥。机械配合人工摊铺后,由专业人士消除粗细集料离析的现象,尤其是将局部产生的粗集料窝或粗集料带清除,并用新的混合料填补。碾压时,先慢后快、先轻后重,直线段由两侧路肩向路中心碾压,平曲线段由内侧路肩向外侧路肩进行碾压,碾压完成后洒水养生。沥青混凝土面层施工时控制热拌沥青混合料的施工温度,必须缓慢、均匀、连续不间断地摊铺,不得随意变换速度或中途停顿,上下两层之间的横向接缝按规范要求错开。在机械不能处理的地方,可由人工进行摊铺和整修。碾压从外侧开始并在纵向平行于道路中线,碾压时压路机匀速行驶,不得在新铺设的混合料上或未碾压成型且未冷却的路段上停留、转弯或突然制动。

5)安全施工保证措施。严格执行国家相关的劳动安全法规,坚持"安全第一、预防为主"的方针,建立健全项目安全管理制度。设置安全防护设施及临时设施围挡,实行安全动态管理及安全险难重点控制,重点做好土石方施工安全防护、边坡施工安全防护、行车行人的安全通道防护工作。各分项工程及险难作业必须编制切实可行的安全技术措施,制定检查表逐项检查落实。在施工过程中,应有针对性地采取优化的施工方法和措施,切实加强对施工场地内外的苗木、管线、周边建筑物的保护。沟槽开挖严格按设计与施工规范进行支挡和放坡,及时清运现场土石方,并对土方边坡进行遮盖或支护,设计有支挡结构的,应尽快施工以便形成永久结构。

2. 既有住区车行道路维修

(1)既有住区道路路面常见的损坏现象

1）裂缝。沥青路面裂缝根据裂缝的形状可分为 4 种形式，分为纵向裂缝、横向裂缝（图 3-24）、网状裂缝（龟裂）（图 3-25）和不规则裂缝。

图 3-24　沥青路面横向裂缝　　　　　　　　图 3-25　沥青路面网状裂缝

2）深陷和车辙。路面有时会出现整体下凹的现象（图 3-26），这是由于地基不牢固或湿软而出现的现象，也有可能是路面的承载力不够或是厚度没有达到规定的标准。车辙是由于路面上车辆循环经过同一部位，对其产生经常性的碾压使得路面的承载力降低而出现的纵向下凹，如图 3-27 所示。

图 3-26　地面下陷　　　　　　　　　　　图 3-27　车辙

3）推移。由于车辆的自身重力和振动力等共同作用于路面，破坏了路面的材料，进而使路面产生波浪状推移。路面推移主要与天气和行车的频率有关系。

4）坑槽。面层材料黏结力降低，或在车流作用下被磨损、碾碎，出现细料散失、粗料外露进而骨料间失去黏结而出现成片散开的现象，就形成坑槽（图 3-28），若不及时养护修补就会使整个面层受到损坏。

5）泛油。特别是沥青路面经常会出现泛油的情况（图 3-29）。有时沥青用量过多或路面温度太高，就会有路面的材质与车轮黏合，致使出现路面坑槽并在这个部位产生油包。此种情况对路面的破坏力也很大，需要及时进行维修。

图 3-28　坑槽

图 3-29　沥青路面泛油

（2）既有住区道路的维修及养护技术

1）灌缝。这项技术主要是为了解决道路裂缝问题。由于地基不稳或是由于道路承载力过大还有温度原因使得路面出现裂缝现象。如果不及时采取有效的措施进行补救，路面上的积水就会逐渐渗透到路基中，腐蚀筑路材料。由于长时间的侵蚀，路面就会发生形变，导致路基受损，进而增加交通事故的发生率。所以，在出现这种情况后要及时进行灌缝工作。传统的灌缝方法是清除裂缝处的旧沥青并且用新的材料填充。但是这种方法治标不治本，受到外力的作用受损裂缝会再次出现。不仅浪费材料，还解决不了问题的核心。所以，目前所用的方法是及时利用各类红外线设备，采取就地加热的方法对受损路面进行维护。此种方法不仅可以节省原材料，还可以做到节能环保。

2）稀浆封层。提到对路面进行整理首先就会想到沥青材料。沥青在道路建设中大范围应用不仅因为其具有一定的防水、防磨的功能和一定的节能效益，还因为其施工速度快且成本相对较低，对于路面的裂缝恢复具有一定的促进作用。但是现今的住区路面车辆行驶频繁且承载量大，温度过高等因素也会影响到沥青路面质量，致使其老化程度增强，使得路面迫切需要进行二次修复。所以，一种新兴的材料受到了人们的关注，那就是沥青路面再生密封剂。这种材料可以有效地恢复沥青的活性，补充油分，做到对路面的有效修复。

3）沥青混凝土罩面。住区道路与高速公路不同，地下埋设了各类管线以及管线沟槽，由于压实度不足、新旧基层不成整体等原因往往会发生沉降不均匀等现象，造成各类路面损害。为了维持道路平整度及标高，可以根据需要对既有路面进行路面加罩。

3.2.3　人行道更新改造

人行道指的是道路中用路缘石或护栏及其他类似设施加以分隔的专供行人通行的部分。在城市里人行道是非常常见的，道路街口一般均设有人行道。有些地方的人行道与机动车道之间隔着草地或者树木。在发达国家许多地区的法律要求移除人行道上所有不便于残疾人行进的设施，因此在通过道路的地方，人行道应专门降低到和马路同一个高度，

图 3-30　行人专用道路

以便残障人士等安全通过道路。人行道作为城市道路中重要的组成部分之一，随着城市的高速发展，其使用功能已不再简单的是行人通行的专用道路（图 3-30），它在城市发展中被赋予了新的内涵，对城市交通的疏导、地下空间的利用、城市公用设施的依托都发挥着重要的作用。

既有住区人行道由于建设年代过早，加之既有住区周边人流较多，人行道使用频率高，导致人行道出现多种问题：

1）人行道道板砖损坏的主要原因是机动车碾压致使其出现破损，如许多商户门口的人行道被划分为停车位，载重车辆在人行道上行驶等。

2）违规占道经营，排水不利导致浸泡破坏。有些餐饮店随意倾倒污水，使被污染的道板砖使用的周期缩短，容易损坏。

3）人行道遭重复开挖施工的影响，不能完善如初。个别商户和单位根据自身的需要，对人行道进行开挖。或是施工单位经常开挖人行道，铺设各种设施等。当重新铺设人行道的时候并没有按照相应的程序去铺设，很容易导致板砖松动。

4）人行道铺设必须经过夯实、铺沙、淋水等几个过程。因工期或施工环境不允许，水泥砂浆铺装的人行道施工完后没有养护足够时间。施工质量本身不好，基层处理不过关，砂浆粘接不牢固或砂浆勾缝（湿作业）或细砂填缝（干作业）不够密实。验收不严格，收尾工作未完成或验收中提出需要整改的问题未整改到位就直接使用。

5）选用的石材不合理。人行道道板遭局部损坏后未及时修复，进而很快发展并形成大面积破坏。

针对既有住区人行道损坏的现状，可采用以下几种方式对既有住区人行道进

行更新改造：

1）人行道设计应采用节能、环保的新材料。贵重的石材一般都用在广场等地，很少使用在人行道建造上，因为这些人行道板一旦破损后，很难找到与原来一样的道板，很难再恢复原样。考虑到人行道板容易被车辆碾轧损坏的问题，应采用一些抗压抗磨的材料，增加人行道的使用寿命。

① 一些城市在改造时使用了彩色沥青材料。这种材料具有易维修、施工快、抗压的优点，材料价格虽然比普通沥青路面贵，但比石材要便宜得多。

② 有些城市使用彩色水泥压模地坪来代替人行道板，就是在未干的混凝土上加上一层装饰混凝土（彩色混凝土），然后用专业的模具在混凝土人行道上进行压制。压花地面能使人行道较为长久地呈现各种色泽、图案、质感，逼真地模拟自然的材质和纹理，而且自然大气，不易损坏。这种高档彩色水泥压模地坪具有一次成型、使用期长、施工快捷、修复方便的特点，与普通人行道板相比，有耐磨抗压和耐冲击的优点，而且具有艺术观赏性、实用性，但是技术要求会更高一些。

③ 矿渣水泥砖简单朴实，结实耐用，方便维修，还有一条最大的优点是其原材料由废物利用制成，节能环保。

2）住区周边的一些广场、商业街的地砖或装饰板，应采取有效的防汽车碾压的措施，如设置护栏（图3-31），增设减速带、地桩（图3-32），加大人行道面与车行道面的高度差（以30cm为宜）。

图3-31　护栏

图3-32　地桩

3）临街建筑必须使用有组织排水，屋面排水进入地下排水系统，临街餐饮店住户厨房排水也应该设置下水道，将污水直接排入市政排水系统，严禁雨水、污水无组织当街明排，以防损坏和腐蚀人行路面。污水专用管道如图3-33所示，雨污分离设施如图3-34所示。

图 3-33 污水专用管道　　　　　　　　图 3-34 雨污分离设施

4）人行道工程竣工应严格按照验收标准执行，凡是质量不合格或龄期未到不得使用，同时应设定保修期，保修期不得少于一年。在保修期内若人行道出现损坏，施工单位应及时无偿维修。

5）政府应该建立人行道的常年维护制度，以区政府为单位，当人行道出现的破损情况时及时维修，并确保维修质量。

6）城市管理部门应当加强对人行道的保护宣传及执法工作力度，对损坏人行道的行为应给予经济处罚。对于道板的保护要落实责任。明确执法权，对于破坏道板砖的行为，明确部门进行追究处罚，同时提高大众的素质，自觉爱护公共设施。

在创建节约型社会要求下，合理使用资源和提高资源利用效率是当下之急。要综合地考虑各方面的因素，并做好长远的优化设计，加强全方位管理。就人行道治理而言，建造材料各有利弊，关键是加强城市综合管理水平，让机动车不能在人行道上行驶，严格执行各项城市管理法规。

3.3　停车设施更新改造

3.3.1　住区停车设施现状

1. 停车问题现状

机动车的存续状态大体上可以分为行驶和停留两种。使用机动车从一个地方到达另一个地方必须要经过停车这一状态。因此，停车是机动车在使用过程中必不可少的环节。在机动车成为既有住区主要出行方式的今天，停车设施更是既有住区必不可少的基础设施之一。室外停车场和地下停车场如图 3-35 和图 3-36 所示。

图 3-35　室外停车场　　　　　　　　　　图 3-36　地下停车场

近年来，随着我国机动车数量的迅速增加、国民生活水平日益提高，既有住区的停车需求呈迅猛增加之势。和大多数国家一样，我国绝大部分的既有住区在形成之际，并不存在机动车的停车问题。即便进入了机动化的早期，我国的大多数住区优化设计中对机动化的速度以及机动化将会给住区交通和停车所带来的影响仍然严重估计不足。这一点在历史久远的既有住区中表现得更加突出。

（1）停车位规划滞后　　过去，在全国城市规划设计时没有充分考虑到汽车停车位和停车场可能出现不足的问题，所以地产开发商在设计开发住宅项目时也就没有对其进行详细考虑，也没有从发展的角度充分规划停车位。我国房地产市场兴起之时，对停车问题缺乏重视，没有一个完整科学、统筹协调的停车发展规划，造成停车设施布局不合理，规划用地未预留，停车库建设明显滞后于城市经济与社会发展的需要。这种历史遗留问题很难得到根治，小区占地面积已经框死，除了减少绿化用地和占用行车道之外，无法再增加停车位了，可是与此同时，私家车却没有停止增长。停车位规划滞后，是住宅小区停车的"硬伤"。

（2）非机动车停车混乱　　既有住区道路普遍较为狭窄，有些住区并没有在公共空间规划非机动车停车设施，即使后期在小区旁规划了收费的非机动车停车库，停放更为安全，但是因为收费等其他原因，大多数居民的非机动车还是停在自己的单元楼下或是离自己家较近的公共活动空间，如广场等，车辆停放杂乱无章（图 3-37 和图 3-38）。

（3）住宅物业停车管理不到位　　很

图 3-37　非机动车与机动车混放

多既有住区物业方面并没有非常重视停车管理工作，对于进出住区的车辆并没有实行比较严格的门禁管理。这种管理方式导致许多外来车辆进入住区，停放在小区空闲的私人停车位上。如果只是利用业主私车不在的时间停放，按照规定登记按照时间离开，或许还能接受。但一些外来车辆一旦停放，就不顾原有车主的情况，常常停车后就找不到人。这样的举动扰乱了小区的停车秩序，物

图 3-38　非机动车占用机动车车位

业管理人员必须有所作为。物业方面需要在区别小区内部的车辆和外来的车辆上多下功夫，进行入区管理登记。

（4）停车管理法规不完善　如《上海市住宅物业管理规定》第六十一条规定：物业管理区域内，建设单位所有的机动车停车位数量少于或者等于物业管理区域内房屋套数的，一户业主只能购买或者附赠一个停车位；超出物业管理区域内房屋套数的停车位，一户业主可以多购买或者附赠一个。占用业主共有的道路或者其他场地用于停放机动车的车位，属于业主共有。建设单位所有的机动车停车位向业主、使用人出租的，其收费标准应当在前期物业合同中予以约定。业主大会成立前，收费标准不得擅自调整；业主大会成立后，需要调整的，建设单位应当与业主大会按照公平、合理的原则协商后，向区房屋行政管理部门备案。车辆在全体共用部分的停放、收费标准、费用列支和管理等事项，由业主大会决定。业主大会决定对车辆停放收费的，参照物业管理行业协会发布的价格监测信息确定收费标准。业主大会成立前，其收费标准由建设单位参照物业管理行业协会发布的价格监测信息确定。收费标准、费用列支和管理等事项应当在前期物业服务合同中予以约定。车主对车辆有保管要求的，由车主和物业服务企业另行签订保管合同。公安、消防、抢险、救护、环卫等特种车辆执行公务时在物业管理区域内停放，不得收费。

通过这项条例可以看出，对于住区内部所有的车位，收费是要按照价格主管部门规定来进行的。当前关于地下停车库和地面停车位超高价出售、高价出租的现象，物业方面作为"二传手"租借给业主，谋取中间差额报酬，将车位价格越炒越高，甚至导致一些车位被闲置。由于条例没有说明当问题出现后如何解决，加上停车位所属权问题十分地复杂，各地方没有明确的法律法规明文规定。所以，

在停车的管理方面，我国并没有推出针对性较强、具有全国性的法律意义的相关法律法规作为支撑。

2. 停车问题产生的后果

（1）交通拥堵　停车问题给城市带来的最大负面影响便是使得道路交通的通行能力明显降低。在找不到车位停放车辆时，车主便会使用更长的时间去寻找地方停放车辆，在还没找到地方停车前的这段时间车子便会在道路上缓慢行驶，这样一来便加剧了城市动态交通的压力。

（2）交通事故　由于老旧小区在早期规划中没有要求停车配建或停车配建指标很低，导致停车泊位缺口巨大，因此车辆只能见缝插针地占用道路空间、消防通道、空地、绿地等，严重影响了小区整体环境，特别是消防安全。这使得人流、自行车流等全部挤入机动车道路，如此便很容易导致交通事故的发生。近年来，由于车辆堵住消防通道而影响消防救援、老小区内业主私装地锁、业主与保安冲突，由于夜间抢车位而造成的多车、多次被"毁容"等问题日益突出。根据国外的调查显示，因车辆的乱停乱放而引发的交通事故占总交通事故的4%左右。

（3）公共纠纷　居民因为抢占小区内的公共停车位、占据道路造成道路拥堵等一些停车问题引发的邻里间的车辆剐蹭、纠纷争吵等数不胜数，有时也会发生因停车问题引起冲突与治安事件等。

以上提到的几个方面是既有小区停车难引发出来的表面上的后果，如果不能有效地解决停车难问题，还将给构建和谐社会带来不利影响。按照受影响主体的不同和带来的危害程度不同，停车问题产生的后果可以归纳为以下三个方面。

1）对群众生活的影响。首先，老旧小区停车难的问题严重影响了居民群众的日常生活，进而对和谐社会的建设也带来了影响。随着人们生活水平的不断提高，购买力逐渐上升，私家车的方便和舒适，使其在人们出行时成为越来越受欢迎的交通工具。但是，"买车容易，停车难"，人们在享受汽车带来的方便与舒适的同时也饱受着停车难的困苦。这使得许多人放弃了对汽车的购买，导致改善生活质量的愿望也受到了相应的制约。其次，停车难的问题在很大程度上牵扯了居民的精力，对其工作效率也产生了极大的影响。不管是在网络媒体上还是在现实生活中，我们都可以随处看到由停车难这一问题引发的"抢位大战"。如果下班回来得比较晚，就要面临着没有停车位的尴尬境地，在单位无法安心上班、出门办事也顾虑重重，尤其是晚上，如果回来晚了而停在路边等一些不规范的停车点，那么晚上睡觉可能也会不安稳，停车难已经成为有车一族天天牵挂担心的一件头疼事情，长期下去会影响到工作、事业甚至其身心健康。最后，有时停车难的问题也会带来无与伦比的痛苦。例如，车辆拥堵致使交通不顺畅，特别是当停车阻碍消防或者医护救援行动时，耽误了最好的救援时间，进而导致无法挽回的后果。

2）对政府的影响。我国政府是社会的管理者，肩负着巨大的责任，就老旧小区停车难这一问题而言，政府在当初规划上有着欠缺全面考虑的责任，在管理制度上也有着缺失，在间接干预与引导上力度不够等各方面有着不同程度的责任，有时候部分居民会认为政府在这方面的社会治理能力不足。若这种不满意的情绪长期存在，就会给政府的工作以及政府的形象带来不良影响。

3）对经济社会发展的影响。一是居民对汽车购买的需求直接受到停车难问题的限制，进而影响到汽车产业的发展。二是为了停车难的问题能够得到缓解，不得不减少现有的绿化带，有时候就连道路也被占用，这严重损害了市容市貌，还严重影响了公共安全。三是停车难问题牵连出了一系列不好的社会现象，例如：邻里之间的不睦、私自安装地锁来抢夺车位、甚至故意毁坏他人汽车等，这些行为引起了业主、物业公司和业委会之间的纠纷与矛盾，对建设精神文明的社会、社会和谐发展的这些目标都将构成很大的潜在威胁。

3.3.2　停车设施更新改造内容

1. 停车设施窘境分析

1）建筑物配建停车泊位大部分低于国家规定的停车配建标准，部分建筑物甚至没有配建停车场。

2）在停车场建设中高新技术应用水平低。

3）部分停车场出入口设置的不够合理，对正常的城市交通产生影响。

4）总体来看，市区尤其是核心区、老城区的停车位供应远不能满足车辆的停放需求。核心区域内公共停车场缺乏、配建停车泊位不足或被挪作他用的情况时有发生。

5）由于很多既有住区未考虑配建停车泊位或配建已不能满足现状的停车需求，既有住区的停车难状况严重。

6）路外公共停车设施与路内停车设施的比例失调，路内合法停车泊位较少。在路外公共停车泊位严重不足的前提下，造成大量车辆非法沿路停靠，严重干扰了正常交通秩序，给城市道路交通造成了严重的影响。

2. 停车设施更新改造

停车设施是停车场中重要的组成部分，对停车安全起到了至关重要的作用，停车设施包括护角（图3-39）、减速带、标志标牌、路拱（图3-40）、智能道闸等。既有住区由于建设年代较早等一系列原因，导致停车设施缺失、破损等情况时常发生，所以既有住区停车设施的更新和维修等工作也是必不可少的。

图3-39　护角

图3-40　路拱

　　除了针对停车设施单方面的维修和改造，停车布局也是影响既有住区停车设施更新改造的重要因素之一，居民的停车步行距离与对住区生活的干扰是停车布局的核心点，应按照整个住区道路布局与交通组织来安排，以经济、方便、安全和减少环境污染为原则。

　　（1）集中式停车布局　住区的集中式停车布局往往采用建设单层和多层停车库（包括地下）的方式，设置在住宅区和若干住宅群落的主要车行出入口或服务中心周围。这样能方便居民购物，限制外来车辆进入住区内部，还能减少住区内汽车通行量，减少空气、噪声等车辆产生的污染，保

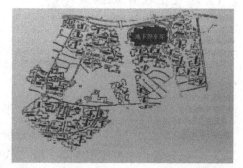

图3-41　德国法兰克福西北城住区地下停车场

证住区内部和住宅群落内的安静与安全。图3-41所示为德国法兰克福西北城住区地下停车场，大型的地下车库设置在住区主入口地下，小型地下车库设在组团内。

　　（2）分散式停车布局　分散停车为居民的使用带来一定便捷性，因此考虑设置一定比例的分散停车位，特别是一些规模较大的以多层为主的既有住区，采用分散式停车布局有利于缩短停车服务半径，方便居民使用。

　　按组团级配置的车库，服务半径一般应控制在150m以内，大部分用户感到"距离适当"，停车入库率较高；而按住区级配置（辅以局部地面停车场）的车库，车库服务半径大多都超过300m，半数以上的用户觉得"不方便"，服务范围内的

机动车停车入库率不足三分之一。

采用以组团为单位设置停车设施是一种很常见的方式。广州市番禺区星河湾住区居住规模很大，采取以住宅组团为单位设置上千个分散的地下停车库，车库的入口在住宅组团入口处，避免了小汽车进入组团内部造成对居住组团内部交通的干扰。

如图3-42所示的德国汉堡市台尔斯荷普住区，距离汉堡市中心7.5km，有方便的地铁和公交车交通，其东南部和西部的工业区和商业区可为居民提供一定数量的就业岗位，且区位条件良好。该住区由20个住宅组团组成，在每个组团的入口处布置了汽车停车场，保证了住区的交通顺畅。

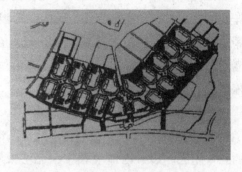

图3-42 德国汉堡市台尔斯荷普住区

（3）集中和分散停放方式相结合 住区停车设施布局以集中和分散停放方式相结合为宜。对居民而言，最方便的停车方式是以每一单元为单位设置停车位的布局方式，如在住宅单元的出入口（或附近）路边（上）、住区单元底层和院子里等。

但对于多层和高层住区（群、组）来说，因为人口密度较高，车流量也会较大，将车辆停到楼幢旁将会引入许多机动车交通进入或穿越不方便或不需要机动车进入的空间，如住区院落、活动场地周围和公共绿地，也会影响居住环境的安全、安静和洁净。

3.3.3 停车设施更新改造方式

由于既有住区道路资源紧缺，将停车场（库）设计规范中的停车泊位标准（2.5m×6m）用于老居住小区的路内泊位设置显得标准过高。根据国内常见小汽车尺寸和道路资源利用最优化，在实际车位挖潜和改造中，老居住小区路内停车泊位设置标准调整为2m×5.5m。同时，结合树木、草坪等可改造的区域地形，因地制宜地设置不同长度的非标准车位。具体可以采取如下方式：

1. 增加机动车停车位

既有住区停车设施改造核心内容在于增设机动车停车位，机动车停车方式与停车设施改造，可参考院落停车、路面停车和室内停车几种方式分别进行设计。

（1）院落停车　一般既有住区内部由于场地限制或出于居民舒适度考虑不宜设停车位，应尽可能将停车场设于住区的北向或东西向的端部，还可根据具体情况采取将住宅抬高半层做半地下式停车库的办法（一般既有住区很少能直接改造原有居住区房屋，但也有例外），从剖面上解决机动车对居民的干扰问题。

（2）路面停车　将路面的一侧作为停车区域是一把双刃剑，处理不好将造成车辆堵塞、影响环境、造成小区内交通混乱等问题；但是如果根据住区道路特点精细设计，则可避免上述情况的出现。在保证生命、消防等必要通道的前提下，老旧住区内部道路可进行合理的停车泊位划分，适当进行路边绿地改造，以解决停车位不足的问题。

（3）室内停车

1）机械式停车库，仅适宜于地价昂贵，停车问题难以解决且短时间不会拆除的既有住区。如果因地块狭窄，无法采用坡道式多层停车库，采用机械式多层停车库目前来说是唯一可行的方法。但是机械式多层停车库建造成本昂贵，机械设备复杂，运行维护费用也较高。在实际停车设施改造中，可以考虑将小区内原有的地面停车场改建为 2~3 层机械式停车库，提高停车用地的效能，如图3-43 所示。

图 3-43　机械式停车库示意图

2）坡坎式停车库用于特殊地形高差较大情况下的小区规划，一般将地基低洼处予以修整，设计作为停车库，然后在其上部顶面覆以地坪还原，作为居住区绿地、道路，或在其上建造居住建筑，使得人流和车流得以从剖面上加以分离。

3）院落高架停车是将院落空间改为高架平台，在小范围内既妥善解决了人车矛盾问题，又与居住小区结构有一定的联系，是一种较为新兴的解决停车问题的手法。居民从其他的入口上到二层平台，再由平台进入各公寓，汽车在平台下部入库，在平台下部存放，亦可存放非机动车，平台上进行精心环境设计，铺装绿地布置座椅、花台小品等内容，作为邻里交往和休闲的场地。

4）地下停车库。地下停车库的优点，第一，停车规模较大，所受限制较小，可在地面狭窄的情况下提供大量停车位；第二，对原有环境破坏小，能高效利用土地资源，有利于住区生态的发展，但地下式停车库也有局限性，主要是两方面：造价高和工期长。但我们应看到其投资是一次性的，而其综合效益是持久的，其施工期亦将随施工技术进步而缩短。总之，地下式停车库的发展现成为一种必然的趋势，亦可作为一种潜在的弹性设计。

2. 改善并增加非机动车停车设施

1）在单元入口附近设置独立的车棚，供电动车和自行车停放，并增设电动车充电设备；非机动车停车设施亦可结合绿化分散布置，形成花房停车。非机动车停车设施如图 3-44 所示。

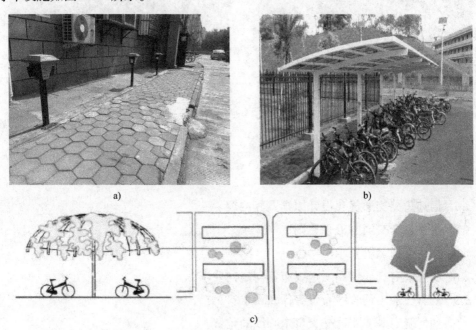

图 3-44　非机动车停车设施

a）非机动车充电桩　b）非机动车停车棚　c）结合绿化设计的自行车停车设施

2）增设非机动车停车架（图 3-45 和图 3-46），针对不同非机动车种类进行划分，做到有序停车，合理高效地利用空间。

图 3-45　自行车停车架

图 3-46　电动车停车架

3）合理划分非机动车停车区域，将非机动车辆与机动车辆隔开，避免出现交通拥堵，对于共享单车，则应专门划分独立停车点（图3-47和图3-48），最好能放置在住区之外。

图3-47　非机动车停车点

图3-48　共享单车专用停车点

思　考　题

1. 简述道路交通优化设计原则及其内容。

2. 简述混合交通的处理原则。

3. 简述交通运输要求。

4. 简述既有交通道路网选线布置与走向要求。

5. 既有交通工程管线布置有什么要求？

6. 如何确定既有交通交叉口中心线的位置？

7. 在既有住区交通更新改造过程中，如何考虑残障人士和老年人设施？

8. 简要概述既有住区道路分类及其功能特点。

9. 既有住区周边道路存在什么问题？

10. 简述既有住区车行道路损坏种类及维修方法。

11. 简述既有住区的停车设施现状，并提出针对性改善措施。

第4章

4

<<<<<<<

既有管网更新改造规划设计

既有住区管网特点与城市其他地区有所不同，需根据其具体特征进行更新改造规划。首先，既有住区的建筑层数多为六层及以下小体量建筑，各市政管网均以满足居民日常生活为主，没有大规模、集中性的市政管网汇聚点。既有住区外围市政管网压力等现状条件基本满足住区给水排水、电力、电信、供暖、燃气的生活需求。目前出现的各种问题多是由住区内部管网布置形式、管径和管材等使用时间过长而导致。其次，既有住区内各住宅楼间距离较小，管网布置位置有限。因此，管网更新主要针对既有住区内部管线进行，更新之前需要对所有管网系统进行综合规划，避免存在安全隐患。

4.1 既有住区给水排水管网更新改造

4.1.1 给水排水管网现状及问题

1. 管网给水到户率低

受既有住区修建时期国民经济水平的限制，1980年以前的住区供水终端主要以住区为单位，而没有到户。这一方面是由于住区密度过高，户数太多，另一方面是由于当时处于技术和经济的低标准阶段，对人均用水量控制不严，这一时期的住区大都使用集中的公用水龙头。在一些既有住区内，住户使用公共水源，且水表没有到户，住户室内没有洗涤设备，一栋建筑或多户居民共用一个水龙头的现象较多，且管网卫生条件较差。目前城市郊区新建住区室内平均自来水普及率基本为100%，但很多处于城市中心地区的既有住区室内平均自来水普及率甚至达不到 90%。

2. 管网供水量不足

住区用户对用水需求增长迅速，其原因在于住区居民人口的快速增长，且人民生活水平不断提高。而既有住区内的给水排水管网仍然为几十年前敷设的旧管道，管道直径及材料等均根据几十年前的标准及需求选择，在今天已经远远达不到居民的生活需求。水量不足限制了居民享受城市水源和供水干管快速发展的成果，影响了居民的生活水平，并间接造成既有住区低收入化。管网供水量不足和居民低收入化二者相互作用，使得既有住区内的居民实际用水量远低于当地一般水平。

3. 管网给水水压不足

既有住区建筑高度较低，在城市供水系统中常属于低压区。由于住区现有给水管网的管径不足，加上人口迅速增长造成的用水量增加，更造成供水水压的严重不足。如北京市某住区内，通常是一个院落里的居民共用一根自来水管，而一个院落里可能有 4~5 户乃至十几户人家，因此很多居民会通过设置水管将自来水引到家里以方便生活用水。结果导致每户人家的水流量都很小，到清晨早高峰时期这种情况更加严重，给居民的日常生活带来极大的不便，且容易促使居民相互之间产生矛盾。

4. 消防供水管网不足

水量和水压不足严重影响了既有住区的消防供水，我国一些未经大规模改造的既有住区没有独立的消防给水管网，以生活和消防共用管网为主。但由于供水管径偏小，仅满足日益增长的生活用水尚且不足，更难以满足消防供水的水量和水压要求。

5. 管网陈旧，供水水质较差

我国既有住区给水管道管材多为早期采用、现已停止使用的灰口铸铁管道。即使少量经过修补或更新的管道也是现已限制使用的镀锌钢管。由于使用时间长，设施老化、管道锈蚀等情况严重，如图 4-1 所示，存在水垢厚、过水断面小、水头损失大，易渗漏爆裂等问题，并且直接带来水质的恶化，混浊水和红锈水的现象十分普遍，供水水质较差，如图 4-2 所示。在部分地区，如杭州市北山街栖霞岭地区，由于地面地势高差较大导致给水水压不足，为解决该问题，目前还在使用多年以前建造的水箱及老式蓄水池，这些设备设施陈旧，卫生条件难以满足要求，十分容易导致生活用水的污染。

6. 管网形式不佳，供水可靠性差

给水管网布置形式分为树状和环状两种，如图 4-3 和图 4-4 所示。环状网中给水管线纵横相连，形成用水网络，供水安全性好。树状管网呈树枝状分叉，管径逐渐变小且安全性差。我国既有住区的给水管网多为树状，一方面管网水头损失大，管网末端由于用水量小而水流缓慢甚至停留，水质容易变坏；另一方面，树状管网安全可靠性差，一旦某一管段漏水或者爆管，将导致下游所有管道用户断水。曾经在北京市某住区内发生过类似的事件，该住区地下给水管线因时间较长产生锈蚀而漏水，当自来水公司进行维修时却发现住户的自建厨房压在给水管线上导致维修不便，最终导致全院 80 多口人断水两个多月。

图 4-1　管道锈蚀

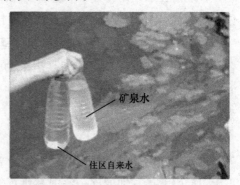

图 4-2　供水水质较差

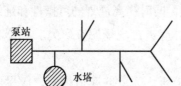

图 4-3　树状管网布置形式

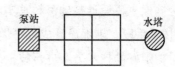

图 4-4　环状管网布置形式

7. 管道交叉杂乱

当初在建设既有住区时并未考虑和预留给水管网安装的可能性。1980 年之前的管网敷设，由于缺乏住区风貌保护的理念以及材料、技术和经济等客观限制，设计施工没有充分考虑到外观保护和美观的需求。管材以灰口铸铁和镀锌钢管为主，通常以浅埋方式布置于住区公共街巷下方，而有的住区由于地面为石质，或者地面高低参差不齐，甚至直接将其明铺于地面；入户管直接从地面穿墙而入，入户后也多为明装，加上后来因人口增加导致各户自行接入房间的支管，错综复杂；在同一个住区内有各种类型和各个时期的管井，却并没有进行统一规划设计，整体杂乱无章，井盖也没有单独的处理措施，这些都在一定程度上影响了既有住区传统地面铺装和室内外风貌的整体美观。

4.1.2　给水排水管网更新改造原则

1）为保障既有住区内居民的生产及生活用水，提高居民用水质量，住区给水排水管网更新改造规划设计应以改善住区供水条件为首要目标，确保给水排水管网布置合理，促进住区协调可持续发展。

2）规划应满足城市上位规划的基本要求，综合考虑以满足城市发展的需要。此外，既有住区给水排水管网更新改造规划应符合国家现行相关标准的规定以及住区规划的特点，为给水排水工程建设打下良好的基础。

3）给水排水管网更新改造规划应坚持一个方针，即全面规划、合理布局、综合利用及开源节流并重。在满足需求的情况下，尽可能节约水资源，减少对环境的破坏，保护水环境。综合利用既有住区内的雨水和污水，尽量重复利用，变废为宝。

4）更新改造规划应该考虑远近期结合，以及分期建设的可能性。通常情况下，近期规划为5年，远期规划一般为20年，住区内给水排水管网更新应以近期为主，同时考虑远期发展，特别是涉及住区污水处理和水资源回收等方面的问题。做到动态规划，与建设工程的可变性相适应，同时提高规划的可操性和连续性。

5）为确保工程设计基础资料真实可靠，应进行现场调查研究。充分利用先进的设计和技术手段，确保设计成果科学可行。

6）对拟定好的技术方案进行技术经济分析，为节约改造投资，应尽可能降低工程总造价，同时节约部分运行管理费用。

7）给水排水管网更新改造规划应与其他规划密切配合，如城市道路交通规划、环境保护规划以及防灾工程规划等，且应与农业、环保、航运、水利等部门发展规划协调配合，避免产生冲突。

4.1.3　给水排水管网更新改造方式

1. 扩大管径、干管成环

既有住区现状给水管网改造首先要扩大管径以满足住区生活和消防用水的需求，同时应将树状管网改造为环状管网以满足供水安全性的需求。为节约改造投资，可先行改造既有住区内给水排水主干管以及没有消防栓的给水排水干管。主干管管径应符合规范规定，并应和周边市政管网有两个以上的接口；干管管径应符合规范规定并和主干管、市政管网连成环状。不设消火栓的支管和接户管可以继续保留使用。

2. 管网排水机制更新

（1）改合流制为分流制　既有住区内的合流制管道在改造后通常仅作为雨水（污水）排水管，需要新建污水（雨水）排水管。以这种方式彻底解决既有住区内的污水排放问题。一般情况下，既有住区住户内部有完善的卫生处理设施，且住区街道横断面满足设计要求，能够设置分流制所需管道的要求，并且在施工过程中对交通状况不会造成太大的影响。若既有排水管道输水能力不足，或者因常年失修，则需彻底翻修、增大管径或更换管道。一般而言，在以上情况下，可以考虑将既有住区内合流制改为分流制。

（2）保留合流制，修建截流干管　在进行分流制改造的过程中，需要改造所有的雨水连接管和污水出户管，对路面进行破坏，耗费时间较长且需要巨额投资。因此，通常通过保留原有排水体制的方式对既有管网系统进行改造，在河流附近修建截流干管，用截流式合流制管网系统替换原来的直排式合流制管网系统（图4-5 和图4-6）。有的地区为保护河道，沿河道修建雨污合流的大型合流管网，将雨污水引向其他水体，避免污染水源地。但截流式合流制管网系统也存在一定的缺陷，如污水溢流造成环境污染，可通过以下措施进行弥补。

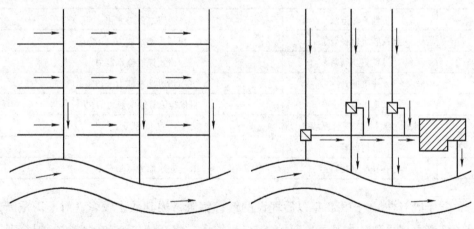

图 4-5　更新前直排式合流制管网系统　　　图 4-6　更新后截流式合流制管网系统

1）修建新的混合污水贮水池，或者利用周边的自然河道及池塘，先将溢流出来的混合污水贮存起来，待雨后将贮存的混合污水运往污水处理厂进行处理，起到了污水沉淀预处理的作用。

2）通过设置简易处理设施，对溢流出水口处混合污水进行筛滤、沉淀等预处理。

3）可通过增大截流干管，扩大污水处理厂等方式提高截流倍数。

4）对降雨进行分散贮存，并且尽可能地向地表以下渗透，以减少溢流的混合污水水量。例如，依靠既有住区里花园、广场、停车场等区域对雨水进行贮存，并通过渗透性路面等下渗雨水，达到消减洪峰的作用。

3. 更换管材和破损管段

既有住区因管网陈旧，大多数给水管管材为目前已经禁止使用的灰口铸铁管，即使在1980年后更新的管材也主要为目前正在淘汰的镀锌钢管。管材不良造成了爆管、管漏和水质差等既有住区供水的种种问题，所以应更换为球墨铸铁或高分子塑料管道。考虑到既有住区内给水管径较小（很多为200mm以下管道），且地下空间复杂，应主要采用经济性和灵活性好的高分子塑料管材。

在给水排水管网更新时，可以结合道路改造及其他管网改造一同进行。但考虑到既有住区内的旧管数量庞大，还有许多管道位于住户基础内或墙内而不便开挖更换，所以不开挖管道更新或维修技术是既有住区管网更新的主要施工技术。在对供水能力进行复核后，根据所需输水能力的不同，可以采用如表4-1中的多种更新改造方法进行不开挖更新。

表4-1　给水排水管线更新方法比较

序号	更新改造方法	输水能力变化
1	敷设较大口径管道	可增大输水能力 <20%
2	开挖更换新管	恢复原管输水能力
3	胀破旧管	可增大输水能力 <20%
4	牵引换管	可保持原管输水能力的95%
5	水泥砂浆衬里（包括刮垢）	可恢复
6	滑衬软管	—
7	内插较小口径管	输水能力下降较多

对于既有住区内1980年以后埋设的镀锌钢管，因其数量较多，对不需重新敷设的旧管可以采取日本等国发明的 AS/AR 技术，将高速气流和铁砂进行混合通入既有住区内的管线中对内管进行研磨，称为 Air Sand，再用高速气流和环氧树脂涂料进行混合，涂衬内管，称为 Air Refresh。此外还有真空气流清洗涂衬技术（VACL，Vacuum Air Cleaning Lining），其与 AS/AR 技术的主要区别在于采用真空机来形成负压操作的气流，不会因管线有薄弱点而出现高压气体冲出等不安全状况，对既有住区较旧的管线能够适用。真空气流还具有所需机具少、功率小的优点，因此更为节能。

通过技术经济比较分析，若管径 $\geq DN1800$，管材应选择钢管。若管径在

DN1200 ~ DN1800 范围内，在工作压力大于 1.6MPa 时，管材选择应遵循如下顺序：预应力钢筒混凝土管、钢管；在工作压力小于 1.6MPa 时，管材选择的优先顺序：预应力钢筒混凝土管、钢管、玻璃钢管。在供水压力小于 1.6MPa，在一般地基情况下，对具有强腐蚀性的区域，宜优先采用耐腐蚀的玻璃钢管。管径在 DN600 ~ DN1200 范围内，在工作压力大于 1.2MPa 时，管材选择的顺序为：球墨铸铁管、钢管；管道压力在 1.2MPa 以下，管材的选择顺序依次为：球墨铸铁管、预应力钢筒混凝土管、三阶段预应力管、玻璃钢管、钢管。若管径在 DN300 ~ DN600 范围内，管材的选择顺序为：球墨铸铁管、钢管、玻璃钢管。管径 ≤ DN300 时宜采用聚乙烯管材（PE 管）及管件，热熔或电熔接口。给水管管道工程管材选择方案详见表 4-2。

表 4-2　给水管管道工程管材选择方案

管径	管材更新推荐意见
≥ DN1800	钢管
DN1200 ~ DN1800	预应力钢筒混凝土管、钢管、玻璃钢管
DN600 ~ DN1200	球墨铸铁管、钢管、预应力钢筒混凝土管、三阶段预应力管、玻璃钢管
DN300 ~ DN600	球墨铸铁管、钢管、玻璃钢管
≤ DN300	PE 管

4. 入户管线、水表改造

既有住区供水管网普遍存在的一个问题是：住区内只设置一个出水口，管线并没有到户，因此很多居民自行接管入户，导致住区内管线零散。既有住区的管网改造应该结合入口疏解和住宅整治对小区内的接户管进行整治，满足各户用水便利和住区环境的双重要求。需要指出的是，既有住区内的管线敷设应随平面形状屈曲延伸，并尽量减少为追求便捷而在住户墙体上钻孔穿管的情况。

在水表改造方面，有群众基础的地区可以实行"一户一表"改造。但水表出户会对街巷或住区景观造成影响，尤其是"一户一表"制后，住宅内多户水表全部设于住区入口或街巷处，不但可能影响街巷和住区景观，在管网造价上也较不经济。所以，既有住区内不宜因考虑抄表方便而强制推行户表和水表集中出户，可以将水表分散置于户外住区内检修方便且无碍景观的适当位置，或者通过设置专门设计的、与既有住区整体风貌相协调的箱柜对集中出户的水表进行覆盖，其启闭由住区物业公司或者市政公司负责。

可以保留既有住区户内安装水表，以及既有住区居民轮流上门记录水表的传统习惯。既减轻市政抄表的工作量，又不影响建筑的外观风貌，还有利于住区传统邻里关系和社会结构的保持。此外，目前部分新建住区采用的远传抄表方式，在技术进一步发展和成本下降后，亦可应用于既有住区内的水表改造。传统水表如图4-7所示，远传智能水表如图4-8所示。

图4-7　传统水表　　　　　　　　　图4-8　远传智能水表

4.2　既有住区电力电信管网更新改造

4.2.1　电力电信管网现状及问题

1. 线路架空明敷、影响供电安全和风貌保护

我国通常采用架空线路对既有住区内的电力和电信管线进行设置。架空线路仍以20世纪80年代甚至更早的杆线设施为主体，历年来为适应用电负荷的增加和有线电视、宽带线路的增多又多有增改。由于整体规划的缺乏，很多管网管线并没有进行整体改造，往往存在着"头痛医头，脚痛医脚"的现象，在原来的管线上继续修补添加，且既有住区内管网管线的更新速度远远落后于住户的需求。因此，普遍出现架空线路杂乱无章的现象（图4-9和图4-10），如线杆倾斜、借杆架线、跨街连接以及阻挡道路等，乱接乱搭导致各类线路凌乱，不但成为影响既有住区和城市景观的空中"黑色污染"，而且不利于维护管理，增加维护成本。

除此之外，许多既有住区内变压器、电力和照明线与建筑、道路的安全距离不足，存在严重的安全隐患。在一些地区，虽然实现了管道的直接埋设，但因为住户内部的线路没有同时更新，进入居民家里的管线仍然暴露，这极大地影响了住户室内美观。虽然有些地区经过了一定程度的整修和整改，但仍然以户外明线为主。

图 4-9　电信线路杂乱（一）

图 4-10　电信线路杂乱（二）

2. 设施线路陈旧、影响居民用电和生活水平

现有的电力、电信设施和线路大多安装于 1980 年以前，且大部分既有住区没有经过全面翻新。由于架空管线长期暴露在外，再加上维护不善，既有线路老化现象非常严重。一方面，设施陈旧、容量小、线路少、适应性弱。另一方面，导线横截面小、供电半径太大、线损大、供电质量差、经常发生故障。特别是在冬夏用电高峰期，往往出现负荷超载造成经常性的电压不稳定乃至断电、停电，大大影响了既有住区居民的正常生活，严重影响了他们的生活质量。这成为许多有经济能力的居民迁出既有住区的主要原因，间接地造成了住区居民的低收入化。

3. 线路老化，影响居民生命财产安全

线路设施的老化不仅影响居民使用现代家用电器，还可能引起火灾和电击等事故，给居民的生命财产和建筑的安全造成损失。据统计，2018 年全国发生火灾 23.7 万起，死亡 1407 人，受伤 798 人，直接经济损失 37.75 亿元。其中，违反电气安装和使用规定引起的火灾占火灾总数的 34.6%，在各类火灾中排名第一。既有住区内的电力设施杂乱无章、电路老化往往是火灾的主要原因。根据消防部门统计，既有住区火灾中 75% 起因是电气火灾，火灾原因多为不合理的电路设计，电气使用不符合要求，或是线路陈旧老化。线路老化引起火灾如图 4-11 所示，住区内架空线路起火如图 4-12 所示。

4. 电信管网重复建设情况较多

通信技术的快速发展，使得通信运营商从产业垄断向市场行为转变，但是由于缺乏有效的立法机制和法律约束，且政府监管措施和方法相对薄弱，运营商缺乏自律行为，通信运营商重组等诸多因素导致电信管网的规划、建设、管理和使用变得错综复杂，管网反复建设问题十分严重。相对于城市其他管网的规划，其问题突出，给城市整体建设带来了不利的结果。信息产业是一个独特的产业，生产和消费同时完成。但是由于信息的多样性，网络相互重叠，管网安装所需的时

间也不同，因此进行电力、电信管网统一更新改造规划就显得十分重要。

图 4-11　线路老化引起火灾　　　　图 4-12　住区内架空线路起火

住区新建电力、电信管网过于重视建设过程，对管理过程未进行太多限制。存在诸如穿插使用和维护不当等问题，反复投资和资源浪费现象变得越来越严重。

4.2.2　电力电信管网更新改造原则

1）既有住区电力、电信管网更新改造规划的目的是使住区居民的用电机会和城市其他地区基本接近。由于既有住区的面积较小，因此增加电力负荷对导体横截面的影响不大，增加规划用电容量也不会影响既有住区的地下管线位置。由于电力设施和电信设施是长期投资，应该有发展空间，所以如果资金允许，既有住区内电力设施的规划和最大电信电缆容量应基于现有规范的上限确定，规划人均居民生活用电量指标见表 4-3。

表 4-3　规划人均居民生活用电量指标

指标分级	城市用电水平分类	人均居民生活用电量/（kW·h/人/年）	
		现状	规划
I	用电水平较高城市	1501～2500	2000～3000
II	用电水平中上城市	801～1500	1000～2000
III	用电水平中等城市	401～800	600～1000
IV	用电水平较低城市	201～400	400～800

资料来源：GB/T 50293—2014《城市电力规划规范》。

2）简化电压等级。简化电压水平，降低电压等级，逐步提高配电电压水平，有利于配电网络的合理管理和经济运行。随着城市电力负荷密度的增加，有必要逐步改变现有的非标准电压。多年来，我国各个城市在这方面取得了显著成效，并逐步淘汰了 3.3kV、5.2kV 以及 6kV 等中压和低压配电电压，同时，例如 77kV、132kV 和 154kV 等高压配电电压也逐渐淡出人们的视线。每个既有住区在取消非标准电压的过程中均采用逐步改造的方法，以提高电网的供电能力，适应住区负荷密度的增加。

3）管线共沟及现代化管理。随着电力管道建设日益增多，电力管道将进一步广泛采用合用管道，试建共用管道（沟）。以计算机应用为主要内容的先进技术促进了自动化技术从调度、变电站到配电线路的发展，并促使电力供应和电力使用紧密相连。更新之后的既有住区内电网管理水平将发展到更高的阶段，许多既有住区正计划推动变电站无人值守。

4.2.3　电力电信管网更新改造方式

1. 架空线下地改造

由于架空线路的各种缺点，城市网络一般将电力管线、电话网线和有线电视电缆从空中转向地下，也被称为"三线下地"，一些地区也有"五线下地"的做法，除该三线外还包括路灯和宽带电缆，也可以统一称它们为"上改下"。"上改下"前后对比图如图 4-13 和图 4-14 所示。

图 4-13　"上改下"前　　　　　　图 4-14　"上改下"后

既有住区电力和电信架空线改造的优势在于其对景观风貌保护具有重要意义，所以往往成为环境保护、风貌整治或旅游区更新规划中首要实施的项目之一。但既有住区内地下空间十分紧张，给水、排水、燃气、供暖和电力、电信管道都需要下地埋设，一般不可能按照市政管线综合规范进行敷设，所以必须在技术上采取新材料、新技术、新工艺等适应性措施。适应性措施可以分为两类，一是减少管线所需间距以节约地下空间，另一类是在间距不足的情况下提高管线设施安全性能。对于既有住区的电力、电信管网而言，具体有以下的内容。

在既有住区中，其地下空间本身非常紧张，应优先考虑给水、排水、供电等必须依靠管网传输的市政管线，不可让地下空间无序发展。在此阶段，建议在现有的住区改造规划中仅考虑单个宽带和固定电话网络提供商，以节省电缆敷设空间和建设成本。可由代表住区居民利益的社区组织或物业公司进行负责，由居民选定某一家公司提供宽带服务，而避免其他公司占用有限空间。从目前的情况看，既有住区最适宜采用有线电视宽带网络，因其和有线电视共用路由而不增加空间占用和线缆敷设的投资。长期来看，在无线通信快速发展的背景下，未来的电话、电视、网络都可以采取无线传输方式而可完全取消电信管线。在各类管线的数量上，首先应确定住区自给自足的原则，即住区内的地下管线仅以满足住区内部使用负荷为目标，非住区内部使用的管线不应穿越住区地下空间，而应从住区周边城市道路地下绕行。其次，通过精确计算和增加电缆截面，尽可能减少管道数量，以满足长期使用的要求。电力和电信线路断面分别如图 4-15 和图 4-16 所示。

图 4-15　电力线路断面

图 4-16　电信线路断面

地下管道敷设分为两种方式：敷设管道直埋和综合管廊。综合管廊统一分配全部或部分市政管道，如电力、电信、供水和排水管线布置于同一个地下沟渠式市政管廊中，具有节约地下空间、方便统一管理、无须重复开挖地面等优点，是未来市政管线综合的发展趋势。经过适应性改造的综合管廊技术也非常适合解决既有住区狭小地下空间中的电力、电信等各类管线敷设问题。

2. 户内电线改造

在改善和改造现有的住区街道电力、电信管网的同时，有必要对居民室内电力线路进行改造，以提高住区居民的用电和消防安全质量。针对既有住区内可燃物较多、导线截面小、乱搭乱接、安装不规范、电线老化等情况，改造的重点是更换陈旧老化的电线和线路配件，以达到导线绝缘化和安装规范化的目的，增加导线截面以满足家庭负荷要求，增设漏电保护器，在有条件的地区还应做到一户一表。

在导线截面方面，应确保既有住区未来的居民可以正常享受现代家用电器和生活设施。相关研究以 150m² 的三室两厅住宅为例，客厅柜空调 3000W，三居室空调（每箱 800W）2400W，洗衣机（滚筒式）650W，电冰箱 1500W，电热水器 1500W，微波炉 1450W，电饭煲 650W，电视 220W，家庭影院 165W，饮水机（带制冷功能）500W，消毒柜 600W，抽油烟机 250W，吸尘器 1200W，台式电脑 300W，照明 600W，所有电气设备的额定功率之和为 14985W，安全载流量根据需用系数法取 0.4 和 0.7 获得。以此得安全载流量为：27.35 ~ 47.87A，即约为 30 ~ 50A。据此，家用电源线的横截面积不应小于 6mm²，室内墙壁插座内支线的横截面积不应小于 4mm²。既有住区居民室内线路改造可以此为标准参照执行。原则上保护规划确定为保护、保留、修缮、改善的住区应取较高值，对规划维修、改造、拆除的住区近期内可取低值，以免造成浪费。在住区入户线的容量计算上应取较高值，以适应未来的需求增长。

为防止既有住区发生短路、超负荷、漏电事故引起的电气火灾，在居民家庭线路改造时，建议安装 30 ~ 50A，最大 50A 的漏电保护器（也称为剩余电流动作断路器）（图4-17），电涌保护器（过压保护器）（图4-18）可供有条件的房屋和住区选择安装，以便发生诸如雷击导致的局部电路中的瞬态高压等事故时，能够及时动作并切断电流，确保住区居民的人身和财产安全。

图 4-17 漏电保护器

图 4-18 电涌保护器

在改造既有住区管线的方法方面，应遵循电工电气相关标准、规范、图集的规定。保护规划中被列为高价值既有住区建筑的电气改造，除应满足导线截面面积和保护装置的相关规定外，还应有不改变原状和更高的消防安全标准方面的要求。关于不改变原状的电气安装的施工工艺方面，在国内苏州、杭州、北京、扬州等地的实际工程中都进行了大量的实践探索。例如，选择沿着住区建筑梁、墙、柱等位置敷设，注重线路连接的隐藏性和美观等，其主要成果在相关著作中有较为系统的研究。

4.3 既有住区燃气管网更新改造

4.3.1 燃气管网现状及问题

1. 燃气供应普及率低

目前，天然气已在既有住区居民的一般生活中普及，但其渗透率相对来说低于城市地区。一方面，除在经济和空间上有条件的极少数既有住区外，大多数既有住区没有足够的技术和资金来解决狭窄地下空间中燃气管道的敷设位置和安全问题，因此没有敷设完善的燃气管道系统，居民主要依赖瓶装液化石油气（煤气包），这降低了居民使用燃气的便利性。另一方面，既有住区内住户居民收入水平较低，老龄化程度很高，有较多中老年居民（尤其是年代较久远的住区居民）出于经济和习惯仍然使用燃烧热值小、燃烧效率低和污染严重的蜂窝煤等传统能源，而较少使用新兴而洁净的燃气等能源。

2. 缺少统筹规划、管网杂乱无章

在既有燃气管网改造设计过程会涉及多个单位，这些单位共同构成建设方。不同的建设单位负责在不同时期、不同住区内建设燃气管网。部分既有住区燃气管道建设期过长，加之社区管理不完善，使管网布局更加混乱，给燃气管道的运营管理和改造带来了极大的不便。

3. 设计水平低、施工管理不严

既有住区管网设计工作实施的专业规范概念落后，管道必要的防腐措施不完善。如果在燃气管道中使用的材料过分强调机械性能，并不控制管道材料的成分，如其中硫和磷的杂质成分太高，这可能导致管道的腐蚀加速。此外，第三方在住宅燃气管道施工现场的防腐处理中难以尽到足够的监督责任，手动除锈标准控制不规范，不能保证防腐层的质量，进而导致防腐性能下降，难以满足住区内燃气管网的质量要求。

早期建设的老旧小区大多采用燃气地下引入口及转心阀门的设计，然而随着科技的进步、燃气行业设计标准的不断提高，这些已经是燃气行业禁止采取的施工工艺和材料，应该进行改造淘汰。现存的地下引入口和开关不灵活的转心阀门已成为既有住区中极易发生燃气安全事故的重要隐患点，见表4-4。

表4-4　既有住区燃气引入口现状

	标准规定	老旧小区部分现状
管道	宜沿外墙地面上穿墙引入，且应进行防腐及保温保护	管线地下引入，且穿墙部分大都已经锈蚀
管道	不得敷设在卧室、卫生间、易燃或易爆品的仓库、有腐蚀性介质的房间、发电间、配电间、变电室、不使用燃气的空调机房、通风机房、计算机房、电缆沟、暖气沟、烟道和进风道、垃圾道等地方	小区存在地下室，现状引入口从地下引入后，穿过地下室的卧室或者卫生间等
阀门	位于用户家中的引入口阀门不得私自启闭	用户家中阀门老旧，常发生误启闭的情况

4. 相关技术资料不齐全，"超期服役"现象普遍

由于早期的燃气管道手绘图存量不完整，即使是燃气企业自身也不太了解既有住区的燃气管道分布情况。难以做到及时检查、改造或更换具有潜在安全隐患的旧燃气管道。一些已达到使用寿命的燃气管道未及时更换，导致现有燃气管道出现"超期服役"的现象。"带病使用"是导致燃气管网发生事故的主要原因之一。

5. 管道水平方向挤压严重、上方占压严重

住区附近的大规模建筑活动可能导致原始管道的地上和地下环境发生变化。根据实际调查，大量燃气管道遭到野蛮占用，在燃气管道上方建设了大量建筑，甚至在建设过程中对既有燃气管道造成破坏。各种地下管线占据了水平空间，交叉混乱，严重违反了相关避让标准的一般要求。

6. 户内燃气管线及用户安全意识存在问题

既有住区户内燃气管线情况不乐观。户内燃气管道老旧且从未更换、长期"带病使用"是造成燃气泄漏事故的主要原因之一。既有住区内用户对燃气管道、设备设施的使用认知不全面，安全意识淡薄，大部分户内存在管道包封、私搭乱建等情况，即使是在燃气公司进行了全面安全宣传后，整改的效果依然不理想。

目前，很多既有住区内用户家中依然安装着直排热水器、64 式灶具等，这些已是现存燃气标准中严禁使用的燃气设备。使用不合格或已达到报废年限的燃气设施的用户比比皆是，在相关部门进行安全宣传活动、签发隐患告知单后，仍有大量居民继续使用不符合要求的燃气设施，给燃气安全事故埋下了重大隐患。

4.3.2　燃气管网更新改造原则

燃气管网更新改造的目的在于保证既有住区用气质量，节约能源，其改造过程主要遵循以下原则。

1. 保证燃气供应安全可靠

无论是对燃气系统进行更新升级还是节气改造，首先应在保证居民用气质量和用气安全，满足居民正常生活用气的前提下进行，否则会对居民日常生活产生影响，并且存在极大的安全隐患。我国居民生活用气量标准见表4-5。

表4-5 居民生活用气量标准 [单位：MJ/(人·年)]

既有住区位置	有集中采暖设备	无集中采暖设备
北京	2721~3140	2512~2931
上海	—	2300~2510
南京	—	2050~2180
大连	2303~2721	1884~2303
沈阳	2010~2180	1590~1720
哈尔滨	2430~2510	1670~1800
成都	—	2512~2931
重庆	—	2300~2720

注：表中采暖指非燃气采暖。

2. 规范化原则

根据既有住区存在的各种问题，首先将既有燃气管网与现行规范标准相互冲突的地方重新改造设计，对于需要新建燃气管网的地区，其燃气管网的设计、施工均应满足现行规范标准的规定。

3. 改造规划设计需经济可行

在确定最终的燃气管网改造规划之前，应对规划的经济性和可行性进行评价，确定燃气管网的合理投资回收期，评估管网改造后产生的经济效益和社会效益。改造设计规划最好在既有住区现有条件下进行，在原管网设备的基础上进行更新改造规划，在保证改造效果的同时尽量降低工程量。

4.3.3 燃气管网更新改造方式

1. 低压气改造

随着气化率的提高，我国城市的燃气输配系统以中压和低压二级管网系统或高、中、低压三级管网（大城市、特大城市）系统为主。住区的燃气管网通常是低压一级管网系统、中压一级管网系统或中低压二级管网系统，如图4-19、图4-20和图4-21所示。煤气或天然气介质在低压二级管网中运输具有供气安全、安全

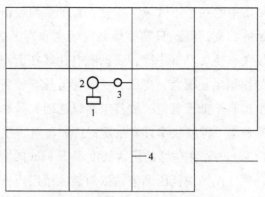

图 4-19　低压一级管网系统示意图

1—气源厂　2—低压储气罐　3—稳压器　4—低压管网

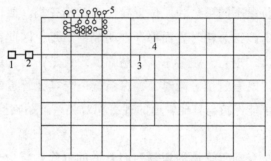

图 4-20　中压一级管网系统示意图

1—气源厂　2—储气站　3—中压输气管网　4—中压配气管网　5—箱式调压器

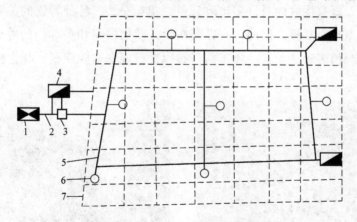

图 4-21　中低压二级管网系统示意图

1—气源厂　2—低压管道　3—压气站　4—低压储气站　5—中压管网　6—区域调压站　7—低压管网

距离易符合规定的优点，而既有住区内街道狭窄，房屋布局密集，因此该管网模式与既有住区建筑特点相符。

既有住区只是城市中的一个小区域，一般不直接影响城市燃气源、高压管道和高中压气体调压站的布局，因此只需要规划住区内和周围的燃气管网和设施。按照中低压调压站供气半径 0.5km 考虑，我国既有住区在面积上一般可由一个或数个中低压调压站的作用半径覆盖。高压、中压管道具有较高的压力，一旦发生泄漏事故其危害程度远高于低压管道，故其与建筑基础和其他管线的间距要求也较高，不应穿越建筑密集、街巷狭窄且有景观保护和不可再生的建筑遗产保护要求的既有住区。从理论上讲，在住区的短边长度小于 1km 的情况下，可以在住区之外敷设中压管道，并且设置中低压调节站以向该区域供应低压燃气，只有极少数面积很大（短边长度超过 1km）既有住区才有必要将中压管道引入住区内部。

2. 贴临更换管线

更换管线根据位置不同可分为原位、异位和贴临三类。原位和异位换管方法在投资、拆除和改造施工总耗时方面都存在明显的不足，因此在实际施工过程中常采用贴临换管的方式进行。顾名思义，贴临换管就是在旧管道旁边敷设新的燃气管道并拆除住区内既有管道。同时，确保新管道与其他管道的安全距离符合规范要求，或尽最大可能保持与其他管道的现有相对关系。贴临换管如图 4-22 和图 4-23 所示。

该管道改造方法有利于管道的切割和旧管道的拆除，减少土方工程量，降低工程投资，缩短工期，并将施工对居民的影响降到最低。此种管道改造方式的难度在于：由于既有住区内有许多市政管道，相互交叉，各种管道的位置和深度等基本技术数据难以掌握。因此，有必要在设计前加强与相关部门的协调，并通过专业的测量和检测验证结果。施工前，必须进行现场实际测量，并在施工前进行进一步验证。

图 4-22　贴临换管（一）　　　　　　　图 4-23　贴临换管（二）

3. 地下管线非开挖改造

通过定向钻孔、夯管、顶管、插管、裂管或翻转内衬等方式进行地下管线改造，在尽量减少地表开挖的情况下，更换和修理各种地下燃气管道的施工技术称为非开挖改造。在对既有燃气管道的改造工程中，由于采用非开挖改造方法施工过程不需要破坏道路，对居民的正常交通影响不大，主要适用于一些交通车流量和人流量大、直接开挖困难的主要道路。

4. 既有管线外爬墙改造

由于既有住区的建造时间较久远，地上建筑物的外观风貌可能会因居民的个人意愿而改变，甚至出现私自搭盖、随意建设的现象，这导致之前敷设的燃气管道被后来建造的建筑结构占据，而拆除这些建筑结构的难度系数较高。在这种情况下，可沿着既有建筑物外壁的外爬管对燃气管网进行改造，以尽量减少对居民的影响。燃气管道沿墙布置如图 4-24 和图 4-25 所示。

图 4-24　燃气管道沿墙布置（一）　　　图 4-25　燃气管道沿墙布置（二）

5. 用电力、太阳能替代燃气

当住区因为环境限制无法使用管道燃气时，可以使用瓶装燃气，这在经济上两者相差无几。但是，瓶装气体仍然存在一定的风险，且需要进行运输和更换，容易产生烟灰。

当瓶装气体供应不稳定或价格上涨时，电力作为燃气替代产品的优越性就体现出来了。事实上，电饭煲和电水壶在既有住区炊事和热水供应中占主导地位。微波炉、电热水器也有相当的保有量，但在过去相当长时间内，由于燃气价格低廉而电饭煲功率不足，燃气在烹饪方面具有绝对的优势。近年来，燃气价格呈上涨趋势，电价有所下降，燃气的价格优势已不复存在。因此，使用电力烹饪、烧热水和取暖的比例逐年增加。

在炊事方面，近年来，电磁炉的热效率和功率大大提高，功能全面，商家普遍推荐购买电磁炉赠送礼品等方式抢占市场。电磁炉成为厨房的新宠，不但受到年轻人的欢迎，越来越多的老年人也开始接受。由于电磁炉具有清洁、环保、经济、高效、无明火等优点，不会存在煤气中毒等其他威胁，适于老年人操作，并且在使用成本方面逐渐等于甚至低于燃气灶，因此它在降低火灾负荷和提高住户房屋安全性方面具有显著优势。在住区电力设施改造后提高用电负荷能力后，完全有可能替换燃气灶，成为住区居民日常炊事的主要工具。

在热水供应方面，除电热水器外，太阳能热水器在既有住区居民家庭中的应用已经相当普遍。太阳能是最环保和最经济的能源，且我国部分太阳能电器的技术已经十分成熟。既有住区内的建筑主要为中低层建筑，阳光环境较好，因此使用太阳能热水器的居民也较为普遍。但目前我国既有住区在太阳能热水器的形式、安装位置和方式上都没有考虑到风格统一的要求，这在一定程度上影响了住区的景观风貌。

4.4 既有住区供暖管网更新改造

4.4.1 供暖管网现状及问题

1. 以煤为主的采暖方式较多

在集中供暖方面，北方采暖地区的城市一般均有城市或区域集中供热系统，但由于既有住区内的道路狭窄、传统建筑规模较小等原因，常常没有引入城市热力管网。住区内也缺乏燃气管网，既有电力、电信管网也早已陈旧落后，居民收入较低，降低了电力、燃气等清洁供热方式的经济可行性，所以大部分既有住区内居民的冬季采暖方式仍以小煤炉或以煤为燃料的"土暖气"为主，如图4-26所示，以满足采暖期长达一百多天的24小时采暖需求。

非采暖地区没有集中供暖和采暖期要求，且冬季严寒期较短，故一般没有集中供暖系统，以家庭为单位采用空调等多种方式的分散采暖为主。其中，既有住区内的居民因收入偏低，冬季采暖仍以煤炉（图4-27）、火盆等传统方式为主。相关调查显示，在能源的使用上我国南北方既有住区存在着一定的差异，如南方住区因无采暖需求而以液化石油气为主，北方住区有采暖需求而以煤为主。此外，三口之家每天可以仅用三块煤就解决所有烹饪问题，由于煤炭价格低，因此它仍然是既有住区中低收入居民的主要生活能源。

图 4-26　"土暖气"采暖　　　　　　　　　　　图 4-27　煤炉采暖

2. 供暖管网设计不合理

在集中供暖区域，供暖管网通常在很久前就已修建，设计上存在很多技术缺陷。而且供暖分区混乱，由于当时住宅区和工厂区混合，统一供暖的建筑物分散。供暖系统分区没有一定的规律，功能系统布局不符合规定、热源浪费等问题严重；技术设备落后，供暖管网既有设备耗电量大，失水率高，运行状况严重退化，且其中大部分均为高能耗、低效率的老式设备，根据节能减排要求必须进行升级和更新；既有住区内的供暖管网主要采用金属铸管，由于这些铸管的使用时间过长，很多管道因为生锈和老化导致表面剥落，漏水和渗水问题较严重；供暖管网主要敷设方式为地下直埋，常年处于潮湿环境，腐蚀程度增加，导致使用寿命缩短。

3. 超期使用现象普遍

根据原冶金部制定的金属使用寿命标准，铸铁管的使用寿命一般为 15 年。大多数住宅供暖管网都处于超期使用阶段，应尽早报废。特别是一些废弃供暖管网的最低使用寿命为 15 年，最长的是 32 年，多数已经超过了极限，可由于资金不足，不可能进行升级或改造，而且管网在设计中存在技术缺陷，使得这些超期使用的管网更加不堪重负。

4.4.2　供暖管网更新改造原则

1. 经济方便的原则

现有功能系统的改造通常是指将不能满足当前温度控制计量要求的既有住区中的供暖系统转换成能够适应计量和温度控制的供暖系统。适用于热计量的供暖系统应具有一定的调节功能，以及与调节功能兼容的控制功能和热计量功能。

根据便利和经济的原则，既有住区的供暖系统改造有两个主要选择。第一个选择，利用带有恒温阀和旁通管（带三通调节阀）的单管跨越式系统替换原来的单管顺流式系统，系统中管道直径不变，需要重新计算散热器面积和流量。改造后，在实际测量后发现大多数房间的室温波动在±2℃，但由于管道直径恒定，一些立管的温度下降太大。为了避免错位，可适当增加某些房间的散热片数量。第二个选择，将单管顺流式系统转换为带有恒温阀和旁通管的单管跨越式系统，不改变现有管网布局，但降低供回水温度为60/80℃。升级改造之后，大多数房间的室温波动在±1.5℃左右。这两种选择都具有增加系统阻力的旁通管，但计算发现阻力增加很小，热力站不需要增加水泵扬程。由于每个用户可以自行调节供暖，为了防止各用户之间相互产生影响，热力站需要提供固定温度和固定压力的供水。以当前每天8h的住宅供暖系统为例，系统更新改造后，如果辅以可行的运行调节手段（比如利用热惰性和延迟时间进行调节），可以节省约30%的能量，节能的效果更明显。通过系统改造，居民可以根据自己的需要调节房间的温度和热量，不仅可以节省能源，还可以在一定程度上缓解既有系统的供热不平衡，为供热系统根据热计量合理收取费用奠定基础。

2. 统筹兼顾、合理布局的原则

无论目前的供暖管网情况如何，都有必要重新对建筑物供热及能耗情况进行摸底调查。了解住区住户建筑面积、供暖总能耗、建筑平方米平均能耗标准、节能建筑比例、改造实施面积，为热计量转换提供科学依据。

节能改造应整合管网的建设和规划，适应当地条件且易于遵循，要与其他管网更新改造建设工作相结合，避免重复性改造，同时推进供暖计量和建筑节能共同发展，两者互为条件，共同实现既有住区节能改造的最终目标。供暖部门应加强与墙体改造和节能部门的沟通协调，密切配合，将现有住宅建筑采暖计量和节能改造项目管理与行业管理相结合，供暖管网的改造和既有住区的节能改造应同时进行。

住区应针对不同条件的建筑采取不同改造办法。对于改造成本过高的，可以暂缓改造；贫困地区的既有住区可逐步、分项改造，比如，可以先进行窗户改造（单层改双层），投资少、见效快，大多数用户能承受，然后进行墙体和屋顶改造。

3. 以人为本的原则

以人为本，兼顾各方面利益。对既有住区建筑的供暖管道进行节能改造之前，必须充分尊重居民和其他相关人员的意愿，保护人民的权益。全面考虑居民、产权单位、供暖单位等各方的利益，确保社会和谐稳定，对贫困人群进行适当照顾。

建立和完善能耗评估和监督机制，促进公共建筑领域的节能。公共建筑具有很大的节能潜力，因此从改造过程中积极应用节能技术和产品，可以大大降低公共建筑的能耗幅度。

要实行供暖管网节能改造，用户的节能积极性是不可忽视的一个重要环节。在技术先进和政策配套的情况下，人们的用热理念至关重要，要树立节能意识，提高行为节能，广泛深入宣传，培养全社会的供热节能意识，引导用户转变用热观念。热用户必须了解供暖和建筑节能改造的好处，才能真正实现供暖和节能改造的长期经济效益。因此，如果用户对这项工作的理解和支持力度能够得到强化，转型工作也必将得到进一步推进。

节约能源，改善生活条件，节省居民的用热费用。节能改造应与生活条件的改善相结合，逐步推进供暖计量收取供暖费用，降低供暖能耗，提高建筑质量，改善住区居民居住环境，节省居民的供暖费用。

4.4.3　供暖管网更新改造方式

1. 集中供暖为主，多种供暖方式补充

在城市规模上，主要采用集中供暖，积极发展多种其他供暖方式已成为城市供暖的发展趋势。在优化城市供暖资源配置方面，主要采用集中供暖方式，以其他多种方式进行补充，鼓励地热能、太阳能、清洁能源等可再生能源的开发利用。国家发展和改革委员会和科技部共同推出的《中国节能技术政策大纲》也将发展集中供暖技术和热电联产技术作为未来发展方向。但在集中和分散程度、燃气和电采暖谁是未来分散采暖的主要发展方向等问题上，各方的立场和研究角度不同，存在着较多的分歧和争辩。

对于既有住区而言，不管城市集中供暖的和分散采暖之间的"角力"结果如何，住区内采用何种采暖方式主要取决于住区本身的空间结构。对于宽度小于 5m 且没有引入燃气和热力管道的条件的既有住区道路，毫无疑问只能使用分散式电力供暖；若既有住区道路宽度在 5～9m，则有条件引入燃气分散供暖管道；只有当住区道路宽度超过 9m 或住区外围紧靠城市道路时，方有引入城市燃气管道进行集中供暖的可能。

除了既有住区道路宽度条件外，住区周边是否有可利用的城市热力、燃气、电力管网，以及城市各类能源的现状价格和未来价格趋向等也是需要考虑的因素。对于不同的既有住区，以及较大规模既有住区的不同部分，可以在综合考虑上述因素的基础上划定不同的供暖区。

太阳能可以作为既有住区供暖方法的有效补充，相关家用太阳能设备有太阳能热水器、太阳能空调等。但是由于当前太阳能应用技术（如太阳能空调）的实

际效果并不能令人满意，因此只能用作分散采暖的补充手段。但作为一种最环保、经济的能源方式，更为高效、小巧并利于既有住区风貌协调的太阳能供暖装置仍然是技术研究发展的方向之一。其他如电源热泵、生物能等能源方式可以应用于郊野乡村型的住区中，但对于城镇性质的住区能源供给则缺乏应用空间。多元化分散采暖如图4-28所示，太阳能供暖系统如图4-29所示。

图4-28　多元化分散采暖　　　　　　　图4-29　太阳能供暖系统

2. 改为垂直式系统

（1）加设温控装置的垂直单管顺流供暖系统　该系统在单管顺流系统的热入口处或在每个立管上添加温度控制装置且不改变原本的垂直顺流形式。改造之后的管网系统是部分可调的，并且满足温度控制的条件，在热入口处测量住户使用的总热量。

这种形式的优点是最大限度地利用了原始系统，工程重建量极小；基本对室内的装修无影响；将具有高流通能力的恒温阀或者通断阀放置于立管或热入口处，以实现该系统局部可调节的功能。缺点是系统的改进不会改变原始供暖系统中立管的水流，其都按照一定的顺序流入每个住户室内散热器，因此更新改造后的调节能力非常有限。如果原系统中垂直水力不平衡现象突出，则系统在更新之后不会对这种现象有改进。因此，该管网更新改造形式适用于垂直水力平衡良好且温度控制要求不严格的情况。

（2）垂直单管加跨越管供暖系统　在散热器的水平支管之间额外增加一个跨越管，这种改造方式称为垂直单管加跨越管。与立管管径相比，跨越管管径较小，且与散热器并联，通常在散热器旁边安装二通散热器恒温阀，或者安装三通散热器恒温阀，其作用是根据室内负荷变化，对散热器热水流量进行调节，维持在用户设定的室温范围内，以此来达到节能的目的。在某些归属不统一的公共建筑中，可在散热器上安装蒸发式和电子式热分配表，以实现实时热量计算，此外，在室外的热力管入口处，设置热计量装置，以计算进入建筑内的总热量。在某些归属统一的公共建筑中，可直接在室外热力管入口处设置热计量装置，计算进入建筑内的总热量。

这种改造形式可以充分利用既有管道，其更新改造施工工程量较小，对住户的室内装修破坏也较小，普遍受到用户的欢迎，且改造后的建筑节能效果良好。通过在每组散热器上安装温控阀，充分利用太阳能，其节能效果可达到 15%~20%；同时，利用温控阀调节室内温度具有两个优点：其一，避免室内温度过高或过低；其二，可以满足用户对室温的要求，便于根据房间使用用途设定室内温度。

该改造方式的缺点在于成本过高，由于每组散热器上均安装温控阀，入户管安装热分配表，且蒸发式热表的计量统计较为烦琐，费用较高。而且在很多既有住区公共建筑中，由于统一使用以及房间的使用程度不高，因此没有必要在每个房间的每个散热器上均安装温控阀。总而言之，该改造的形式适用于不改变住区既有供暖干管和立管，且对用户影响较小的情况。

（3）垂直双管供暖系统　拆除既有供暖立管，增设供水和回水两个立管，这种改造形式称为垂直双管改造。它通过在散热器的入口处设置温控阀或者流量调节阀来调节进入室内的流量，以此实现分户调节的目的；或者不改变既有立管形式，同时新增一根供暖立管，同样的，在散热器入口处设置温控阀，完成住区管网双管系统改造。

与单管系统相比，双管系统和恒温阀配套使用的效果更好，容易保持水力平衡性，保证散热器的进出口两端有较大的温度差，其温度调节功能优于单管系统。其改造缺点是其往往需要在建筑内部新增供暖干管，而既有住区内的建筑很难满足这个条件，增设干管的过程中需要穿越楼板，施工难度较大，施工成本较高。因此，这种改造方式适用于住区内施工条件允许，或对温度调节及水力平衡有较高要求的建筑。一般在新建建筑中多采用这种方式。

3. 改为水平式系统

（1）下分式双管并联系统　下分式双管并联系统将供水水平支管和回水水平支管置于地面之上，管道通常沿建筑踢脚线明装，管材选择时，通常以金属和非金属材料为主，在楼梯间等处设置热计量表，温控阀置于散热器进口处。

采用这种形式可以在每组散热器上均安装温控阀以实现对室内温度的调节，并实现分室调节。但其所采用的改造形式需要大量管材，在改造过程中也有可能遇到过门的问题需要处理。下分式双管并联系统如图4-30所示。

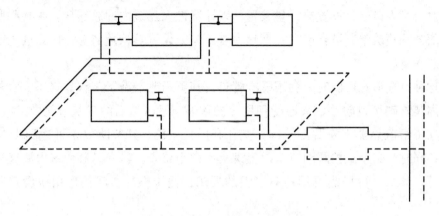

图4-30 下分式双管并联系统

（2）上分式双管并联系统 上分式双管并联系统供回水水平支管线路均设置于本层楼板下，管道采取明装方式，管材选择时，通常以金属和非金属材料为主，在楼梯间等处设置热计量表，温控阀置于散热器进口处。

与下分式双管并联系统基本相同，上分式双管并联系统能够解决供回水水平支管线路的过门问题，其缺点在于不利于整体装饰装修，影响室内美观。上分式双管并联系统如图4-31所示。

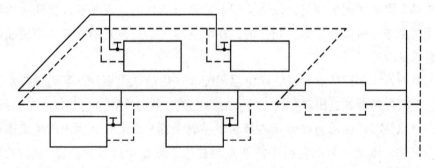

图4-31 上分式双管并联系统

（3）下分式水平单管跨越式系统 下分式水平单管跨越式系统的供回水水平支管线路均设置于该层楼板之上，管道通常沿建筑踢脚线明装，管材选择时，通常以金属和非金属材料为主，在楼梯间等处设置热计量表，温控阀置于散热器进口处。

该系统也能实现分室温控，但与前两种布置形式相比，单管系统结构比前种方式更加节约管材，但是温度控制的效果较差。下分式水平单管跨越式系统如图

4-32 所示。

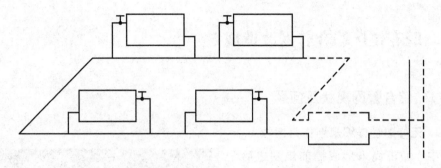

图 4-32　下分式水平单管跨越式系统

（4）下分式水平单管串联系统　下分式水平单管串联系统的供回水水平支管线路均设置于该层楼板之上，管道通常沿建筑踢脚线明装，管材选择时，通常以金属和非金属材料为主，在楼梯间等处设置热计量表，温控阀置于散热器进口处。

由于该系统属于水平单管串联，因此只能统一调节室内所有散热器温度，不能根据单室要求调节温度。其优点在于耗费管材量小，整体结构布局简单，温控阀少，可以同时对室内所有散热器整体进行调节，调节简便。下分式水平单管串联系统如图 4-33 所示。

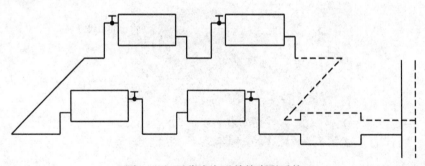

图 4-33　下分式水平单管串联系统

无论采用双管系统还是单管跨越式系统作为既有住区更新改造后采暖系统形式，均可实现对住区进行分户温度调节以及热计量。但是从另外一个角度出发，住区用户采用双管形式较好，主要体现在以下两个方面：

1）具有良好的变流量特性。住户室内各散热器瞬时热流量之和就是住户采暖系统的瞬时流量，此时系统的变流量程度可以记为 100%。但是在单管跨越式系统中，即使每个散热器的瞬时流量均为 0，系统总体仍有部分瞬时流量，且流量较大。

2）散热器具有较好的调节特性。在双管系统中，散热器流量要小于单管跨越式系统，相对来说，其流量更加接近于或处于散热器调节敏感区。

4.5　既有住区综合管网改造规划

4.5.1　综合管网现状及问题

1. 无修建性详细规划作为指导

中小城市尚未形成提前规划之后开始建设的习惯。在没有拟定控制性详细规划的情况下就直接进行工程建设，没有考虑综合利用城市地下空间，出现了很多问题。其中包括市政井盖的数量增加（图4-34）、排水不顺畅、管道难以连接成环、管道交叉碰撞相互干扰等（图4-35），这不可避免地增加了市政工作人员的工作负荷。

图4-34　地面遍布井盖

电力线路

电信线路

图4-35　各种线路交叉

2. 相关专业人才匮乏，执行力差

规划部门需要统一协调和分配城市地下空间，虽然制定了修建性详细规划，但是也常因城市现状等因素的影响而需要不断调整，因此不仅要严格执行规划，还要了解现状，掌握各类管道的相关知识。无论是规划设计还是批复管理，这两个方面都需要协调。

3. 规划执法力度不足，重复建设造成浪费

一旦规划部门批准了地下管线和地上管线规划，其责任已经基本完成，全阶段跟踪管道建设的动力和精力不足，建设单位会因为工期、动迁等诸多因素而常不清理无用管线，造成浪费并形成安全隐患。

4. 竣工资料交付不及时、不准确

由于管道完工后，基本数据通常由施工单元分类，长期以来仅仅对设计图进行了简单的数字修改。而且为了降低成本，在覆盖土壤之前没有精确测量管道的纵向数据和平面坐标，长时间情况下，想恢复管网现状电子材料非常困难。

5. 规划对设计的指导性常被"本末倒置"

管道敷设的理想状态是在规划中注明各种管道的基本控制高程，按照从深层到浅层埋藏管道。现实情况是，雨水和污水管道的设计与道路设计同时进行，之后才进行其他管道设计，且为了降低工作量，通常会人为减小管线埋置深度，结果是应该可以在其上自由行进的其他管道具有较小的空间。因此，规划应根据雨水和污水管网的实际情况调整其他管道的空间位置。

6. 沿路绿化与地下管线埋设配合差，常产生冲突

现阶段，由于投资额巨大，在既有住区很难实施地下综合管道走廊。为了保证道路的质量和交通流畅，雨水和污水管道也通过两侧管线绿化布置在路面外，在最大程度上利用了住区既有土地。如果管道敷设不能跟上绿化施工的速度，就会对绿化造成损害，无论是管线还是植被都将受到不利影响。

4.5.2　综合管网改造原则与特点

1. 所有既有工程管线都宜地下敷设

这主要是根据安全、节能和环境景观的相关规定而建立的原则。《全国城市住宅建设试点分项评价内容》对管网地下敷设做了明确规定，其中要求住区地下管道应避免穿越公共绿地和住宅绿地。

2. 坚持做好管线综合

各类综合管网在注重管线平面布局规划的同时要注重竖向规划。所有管线走向应顺直、便捷，综合管网应方便可行、经济合理。既有住区内综合管网布置坐标系应与城市坐标系统一；在建设时，应充分考虑场地的地形、地貌，在技术上，应可靠、可行。特别是地形变化较大的丘陵地带，应该特别注重其功能和方案的可行性。例如，可将住区排水系统设置为跌落或者提升方式，不能够完全依靠其自身放坡重力排水方案。

3. 既有住区要合理增容、改造与扩建

对于某些历史较为久远的既有住区，首先应该充分了解和再利用住区内既有的市政基础设施，进行合理的增容、改造和扩建。主干线的更新改造应符合城市规划的要求。改造时经济负担应由城市和住区合理分摊。

4. 管线的设计规模和设计参数

应根据住区实际情况选择综合管线改造时的设计参数和设计规模，远期和近期规划相互结合，适度超前，既要避免短期行为导致日后管线扩容存在障碍，又要避免盲目设计导致资源浪费。通常情况下，应在首次规划中保留未来发展的空间。

5. 充分依靠科技进步，推广成熟技术

积极推广先进技术方案，依靠科技进步保证管线正常使用功能，方便管理、提高功效、降低成本、节约资源。目前来说，可以采用的先进技术包括管道保温节能技术，浅埋及抗震连接技术，市政基础设施安全防盗技术，管线设备材料优选技术，遥控计量信息传递技术以及管道日常防锈处理技术等，应大力推广，使这些技术产品化和产业化。

6. 管线设计要方便施工与维修

综合管网更新改造规划设计时应方便改造施工、日后的检查维修以及日常管理，且应尽量避免影响住区交通出行。

7. 附属设施的合理配置

市政工程管线附属设施规划，为保证经济合理且方便进行管理，一般设置在接近负荷中心的位置，还需要尽量不影响既有住区的原始风貌，采取各种措施隐蔽，利用其他建筑物进行归并，有包装条件的应进行包装。

8. 各工种的互相配合

在规划设计时，各专业工种应相互协调配合，主要是土建工程和环境工程，这些方面之间应主动协调，避免各自为政。既有住区综合管线更新改造的质量，与前期规划设计的质量和后期施工质量密不可分。小区内居民的居住质量是一个不可忽视的重要问题。

9. 避免无关管线穿越

既有住区作为以居住为主要功能的特定区域，其市政设施遵循区内自足和最小干扰的原则，即只考虑住区内部需求，不考虑兼顾住区以外周边地区的供应需求；为住区提供接入服务的城市干管应沿既有住区外围城市道路设置，避免与既有住区无关的城市管线穿越住区内部。

既有住区内综合管网种类一般包括市政给水管网、排水管网、燃气管网、电信、电视、电缆网以及采暖所需的热力管网等。在数量上其基本上均为一条路由，但市政供热管线为一组双管；在管径上，各既有住区的规模和管网布置的不同存在着很大的差距，应根据具体的情况计算确定，但总体而言，既有住区管网在管线规格、管材和特点上和城市市政管线表现出较大差异（表 4-6），既有住区内部管线一般是面向用户的、支线以下的管线，一般情况下管径较小，如给水管管径一般为 200mm，污水管，热力管和燃气管管径不超过 300mm，电信管不超过 6 孔，电力管线为 1 万 V 以下。

表 4-6　住区与市政管网异同对照表

		市政管线			小区管线		
		规格	管材	特点	规格	管材	特点
给水		一般大于 $DN300$	预应力钢筋混凝土管给水铸铁管	一般无专用消防给水管	一般小于 $DN300$	金属管	应考虑消防管预留位置并与给水保持最小净距
排水	雨水	一般大于 $d500$	钢筋混凝土管或混凝土管	管径大、埋设深	一般小于 $d500$	钢筋混凝土管或混凝土管	管径小、埋设较浅
	污水	一般大于 $d300$	预应力钢筋混凝土管或钢筋混凝土管	管径大、埋设深	一般小于 $d300$	以钢筋混凝土管为主	管径小、埋设较浅
电力	高压	一般为 800×500	混凝土管沟保护	管沟断面大	一般为 400×500	混凝土管沟保护	管沟断面小
	低压	—			一般为 400×500	混凝土管沟保护	管沟断面小
燃气		一般大于 $DN100$	金属管	一般为中压管，局部高压	一般小于 $DN100$	金属管	一般为中低压管
电信		一般大于 6 孔	用 PVC 塑料管 $DN120$ 保护	每一条塑料管为一孔，孔数较多	一般小于 6 孔	用 PVC 塑料管 $DN120$ 保护	每一条塑料管为一孔，孔数较少
电视		一般大于 2 孔	用 PVC 塑料管 $DN50$ 保护	与通信管同线不同井埋设	一般为 1~2 孔	用 PVC 塑料管 $DN50$ 保护	与通信管同线不同井埋设
智能管线		一般无			同上	同上	同上
热力		南方不考虑			南方不考虑		
路灯		一般大于 1 孔	用 PVC 塑料管 $DN75$ 保护	功率大、安装高度高、基础大	一般为 1 孔	用 PVC 塑料管 $DN75$ 保护	功率小、安装高度低、基础较小

4.5.3　综合管网改造布局规划

1. 地下综合管线布局规划

综合管网布置时应按国家现行有关标准的规定计算管线之间净距和最小宽度，

但仅仅靠道路宽度和道路级别无法确定管线布置的种类和数量，管线布置还受到既有住区内道路的宽度级别、住区现有管线以及地形的影响，因此在实际设计过程中应根据住区的具体情况加以确定。一般情况下，住区内主管线类型较多，影响的范围也最大，而街巷的管线在数量上来说相对较少，一般均为直接入户管线。

以北京市为例，在其市政基础设施工程综合布置技术标准中，根据既有住区内居民的需求，以及道路宽度的不同，制定了针对不同道路宽度的地下综合管线道路横断面方案，如图4-36 ~ 图4-39所示。道路宽度在10m及以上的住区内，所有管线一次性埋设到位；道路宽度在5 ~ 7m的，优先安排给水、排水、电力、电信以及燃气管线；道路宽度在3 ~ 4m的，优先布置给水和排水管线；若道路宽度为3m以下，则仅布置给水管线。根据这一方案可以基本满足国家相关要求，北京市的既有住区中道路宽度在5m以上的占了52%，3m以下的不到20%，因此大部分既有住区可以提供六种以上的综合管线，已经可以满足居民的基本生活需求。

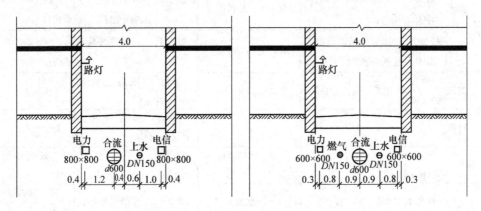

图4-36　4m宽地下综合管线道路断面方案

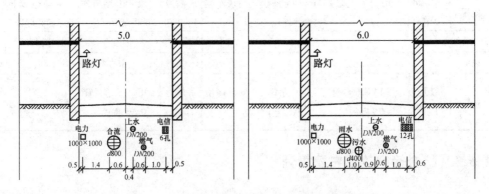

图4-37　5 ~6m宽地下综合管线道路断面方案

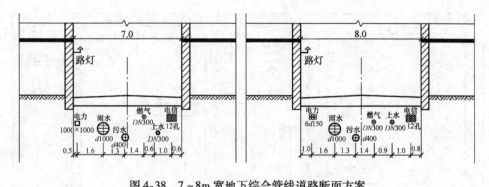

图 4-38　7~8m 宽地下综合管线道路断面方案

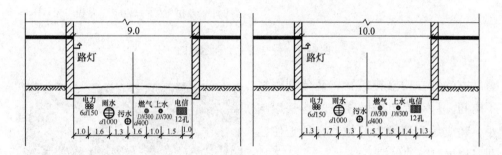

图 4-39　9~10m 宽地下综合管线道路断面方案

2. 地下综合管廊布局规划

我国既有住区道路具一定的特点，如断面狭窄，交错曲折等，且大多数住区市政基础设施条件不够，亟须增加污水管网和燃气管网，而住区原始风貌的保留也要求电力、电信等架空线路进行一系列的更新改造。按照传统的地下直埋方式进行管网更新改造，在道路宽度仅为 4m 的既有住区地下难以容纳如此多数量的综合管线。即使采取新材料、新技术以及其他各种适应性措施可以进行埋设，其狭窄的管位也不利于日后的运营及维护，日后增容的可能性极小，因此部分地区开始使用综合管廊布置管线。综合管廊断面示意图如图 4-40 所示，综合管廊现场布置如图4-41所示。

与直埋方式相比，综合管廊布置具有以下优点。

1）综合管廊将多种管线置于一个小室，管线可以在管廊内的空间中上下重叠、立体布置，解决了管线直埋时所面临的管线布置间距问题，在既有住区有限的地下空间内，可以布置更多数量和更多种类的管线，提高市政配套能力，并为住区日后发展留有空间。

2）综合管廊内本身具有检修的空间，可以取消直埋敷设时各类管线所需的数

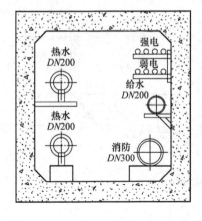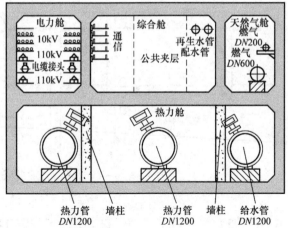

图 4-40　综合管廊断面示意图

量庞大的独立检修构筑物，充分利用地下空间，且对周边居民住宅的地基影响小，建成后无须频繁开挖，有利于住区居民房屋建筑的保护。

图 4-41　综合管廊现场布置

3）综合管廊设置统一的检修口，极大地减少了地面井盖数量，从而使得地面更为完整和美观，更有利于历史风貌的保护。

4）综合管廊内的管线可以通过设过渡段与周边城市道路和区内的现状管线实现简单易行、方便实用的连接，同时为周边建筑物管线增容留有空间，不必频繁破坏路面。

5）在综合管廊内的管线不直接与地下空间接触，避免因为土壤、地下水、酸碱性物质的腐蚀而导致管网管线使用寿命缩短，也因此避免管线内部物质外渗污染地下水，甚至造成地基沉降等弊端。

6）在市政综合管廊中可安装先进的监控仪器和设备，增强市政管网现代化管理能力，同时便于发现管网安全隐患，对隐患进行及时处理，提高管网安全性，尽量减少因综合管网故障对居民生活造成的影响。

思　考　题

1. 既有住区给水排水管网存在哪些问题？简述给水排水管网更新规划设计的

基本原则。

2. 既有住区电力电信管网存在哪些问题？简述电力、电信管网更新规划设计的基本原则。

3. 既有住区燃气管网存在哪些问题？简述燃气管网更新规划设计的基本原则。

4. 既有住区供暖管网存在哪些问题？简述供暖管网更新规划设计的基本原则。

5. 既有住区综合管网存在哪些问题？简述综合管网更新规划设计的基本原则。

6. 请简述既有住区内合流制排水机制改为分流制的几种情况。

7. 请简述我国既有住区普遍出现架空线路且杂乱无章现象的原因。

8. 燃气管网更新中的贴临更换管线指的是什么？

9. 请分别简述供暖系统改为垂直式系统和改水平式系统的基本组成。

10. 地下综合管线布局规划需要满足哪些方面的要求？

11. 与直埋方式相比，采用综合管廊布置的改造方式有哪些优势？

第5章

既有设施更新改造规划设计

　　既有设施更新改造规划设计是既有住区更新改造规划设计的一个组成部分，其内涵主要包括建筑配套设施更新改造、住区配套设施更新改造及公共服务设施更新改造三个方面的内容。通过对其进行更新改造规划设计，使修建年代较早、设施陈旧落后的住区满足住区居民的生活需求，为住区居民提供基本生活性服务和社会性服务，同时方便住区的管理和建设。

5.1　建筑配套设施更新改造

5.1.1　防盗设施

1. 防盗窗

　　防盗窗是指在建筑原有窗户的基础上附加一层具有防盗和防护效果的网状窗（图5-1），主要具有防止外来者从窗户入侵室内、防止室内人和物从窗户坠落及防止窗户玻璃破碎等功能。防止外来者入侵室内是防盗窗的主要功能，保障家中财产安全和防止外来者从窗户入室偷盗；防止室内人或物从窗户坠落，主要为防止小孩或者宠物因窗户没关严从窗户坠落造成伤亡；防止窗户玻璃破碎，主要为防止空中不明飞行物打破玻璃。

　　防盗窗因材质和种类多样化，导致其安全性及功能差异较大。既有住区更新改造中常采用以下几种防盗窗。

　　（1）百叶防盗窗　随着新材料和新技术的出现，百叶窗的形式也多样化。对比于木质百叶窗的防盗效果，新型钢质百叶窗在防盗、防水和使用寿命等方面更

a)

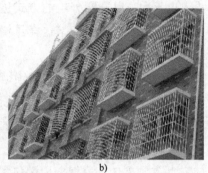
b)

图 5-1 既有住区防盗窗

具优势。

（2）金属卷窗　卷窗的使用缘起于欧洲且已历经一百余年。卷窗材料的发展经历了从木材、塑料、钢材、空心铝合金、双层铝合金夹层聚氨酯泡沫填料的发展过程。铝合金卷窗作为一种耗能低且舒适度高的住宅配套产品，于 20 世纪 80 年代被引进我国，具有遮阳、隔声、防盗、美观和节能等功效。窗上不仅设置有插销和锁等安全防盗设置，而且自动防撬装置还可以用于电动卷窗的防盗。

（3）隐形防盗网　采用小断面不锈钢丝单向排列的金属网与电子防盗系统相结合，远看难以察觉，室内视野相对广阔。其拉力允许值大于 110kg，对防止儿童及高空异物坠落效果显著。同时隐形防盗网设置有比一般红外线报警装置更准确、有效的钢丝断裂报警装置，在火灾等紧急情况下，可以使用普通的钢丝钳快速剪断钢丝进行逃生自救。

2. 防盗门

在既有住区更新改造过程中设置防盗门，可以起到防止入室盗窃和消除居民忧虑的积极作用。根据近些年来的用户反馈和生产实践，在改造的时候可采用以下几种方案来增强防盗门的功能，防止锯、钻、锉、錾、撬、冲击和切割等破坏性手段造成的功能失效。

（1）内藏式铰链　内藏式铰链是在门框里设置型腔对铰链进行隐藏，有的还额外加设保险销轴以形成双重保险。此装置的最大优点是大幅度提升门的保险系数，强化防盗功能。此外，铰链若高出门板平面，则难以对其进行包装与安装。使用内藏式铰链可以极大改善门表面的喷塑或烤漆的装饰层因突出面的碰撞和摩擦而造成的损伤。

（2）门扇的加强筋　采用提高筋板密度的方法，即在锁孔周围密集，其他部位略稀疏。这样内藏筋板既不影响外观质量，而且对材料外观及成色要求也不高，成本投入也不大，以选配分组的方式进行焊接。尤其内腔中填充有发泡料后，大大降低了关门时的碰撞噪声，这样虽增加了成本，但功能却明显增强，大幅度提升了住区用户的安全性。

（3）锁具的防钻　安全门的门锁锁孔应具有防钻功能。为了达到钻头在15mm内无法钻透锁体、转动锁头从而打开锁这一功能，可以使用淬火钢板作为锁孔的盖板，并且通过镀铬板套筒将淬火后的钢片浮动并固定在锁芯的外芯上，使其可随锁芯一起转动。与特殊的防钻锁相比，此方法可提高防钻性能。

（4）防气割破坏　根据金属的机械和化学性质，低碳钢是最容易切割的。在既有住区的更新改造过程中，铸铁部件可以用机械夹具固定在门板的锁孔周围以加强其强度，也可以通过焊接（使用铸铁或不锈钢焊剂或焊条）与机械夹紧来固定，使其增加防气割的性能。此外，为了防止门扇因冲击而脱落，可以采用三方和四方联锁方式，以便在门关闭后受到撞击时可以使冲击负载均匀，减少门锁外的冲击力，增加门的抗冲击破坏强度。

3. 住宅单元对讲电控防盗

该系统也是一种实用的防盗措施，主要由对讲电子控制系统和防盗门体组成。对讲机电子控制系统由电源、主计算机、家用机器和电磁锁组成（图5-2）。主机和电源安装在带安全门的单元出入口处，住户家里都有一个通信电子控制单元（图5-3）。访问者可在入口处通过主机与用户机进行沟通确认，当主人确认来访者身份后，若允许进入，则可以遥控防盗门的电磁锁开门。

图5-2　对讲机　　　　　　　　　　　图5-3　入户电控

4. 室内综合防盗

这一系统是住区内的最后一道防线，主要是在住户室内安装防盗报警、通讯主机和各种类型的防盗传感器来对室内的异常情况进行监测，当有异常情况发生时，如盗窃情况，主机联动声光报警或通过电话线按设定的电话号码向小区值班室（派出所）报警。它的一些功能被发展应用到防火及室内重要设备的监测和紧急求救等方面，能够适应现代家庭的综合需要。

5. 住区门禁系统

随着现代信息技术的迅速发展，社会发展逐步走向智能化，为人们的新生活方式提供了新的保障。目前，随着人们安全意识的提高，人们对住房的关注不再局限于社区环境、交通条件等因素，而且对门禁出入和安全防范等方面也关注较多，这就要求在住区更新改造时采用更加先进的现代化通信技术来改进完善这些功能，致力打造全新安全、舒适、温馨的住区。

既有住区要么没有门禁，要么门禁系统采用电子门禁卡、电子密码，但这些方式均存在一定的不足与弊端：使用访问卡具有携带不方便且易于损坏的缺点；电子密码的使用也存在诸如容易遗忘，被他人盗窃以及被非法人员破解等缺点和风险。如果社区单位建筑内外没有记录信息，不利于社区的安全监督和事故预防。

随着生物识别技术的发展，人类开始将其应用于社区智能门禁系统的构建。生物识别技术通过其独特的身份识别个体，具有个体差异性与唯一性，很难被复制，可以对个人身份进行唯一识别（图 5-4 和图 5-5）。与其他生物识别技术（如虹膜识别、指纹识别等）相比，人脸识别技术具有收集装置简单、识别率高、识别时间短和安全性能强等优点，更符合人们的生活和使用习惯。因此，将面部识别技术应用于既有住区更新改造住区门禁系统的建设，可以更好地解决以往居住中存在的问题，不断提升社区的安防能力。

图 5-4　人脸识别　　　　　　　　　图 5-5　智能身份识别

5.1.2　消防设施

1. 消防安全设施

既有住区消防安全设施是保障其消防安全的前提，一个住区的消防安全设施是否完善会直接影响火灾的救援效率。住区的消防安全设施主要是指消防给水设施和消防通信设备等。消防给水设施主要包括消防水池、给水管和水泵等，如图5-6 所示。

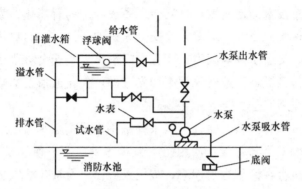

图 5-6　消防给水设施

室外消防设施的位置和数量的设置是否合理会对住区的消防安全救援效率产生直接的影响。消防安全提示牌的设置，在一定程度上加强了住区的消防安全。住区的消防安全设施主要包括住区的基础设施、住区的消防应急设施和住区的安全标识设施等。

住区的基础设施包括道路、燃气、通信、供水、排水和供电等，对于维持住区居民的正常生活秩序，保证突发火灾时应急疏散的效率具有很重要的作用。由于住区的人流量大且建筑相对集中，因此住区的基础设施关系到住区的消防安全。对于建设年代较早的住区，许多设备设施配套不齐和陈旧落后，而基础设施对于住区火灾的防御和救援有很大的影响。因此，在既有住区更新改造时应该完善住区的基础配套设施，提高住区的防灾和抗灾能力。

2. 消防应急设施

消防应急设施主要是指应急供水设施，是为了满足火灾时的临时生活用水、紧急消防用水等。住区里的消防应急供水设施可以采用水井和蓄水池的方式。它们平时可以灌溉植物，在紧急情况下，也可以作为应急供水设施。住区的室外消防栓主要是为消防车供应消防用水，或者消防水带和水枪等直接连接进行灭火，它是维持住区消防安全必需的消防供水设施。

根据国家相关规定，室外消防栓应每隔120m设置一个，室外消防栓应该设置在容易发现的地方；对于地下消防栓，应当在地面上设置明显的标志。住区中的消防安全设施是进行火灾救助的最基本的条件，因此在既有住区更新改造时要根据住区的规模进行合理的配置。在住区集中的区域，综合设置消防站，并且将其消防规划置于城市消防规划中综合考虑。

3. 消防标识设施

为了提高救援和疏散效率，安全标识设施必不可少。如图 5-7 和图 5-8 所示为生活中常见的消防标识，它们可以通过住区里的地面铺装形式设计为人们进行引导。通过不同的铺装设计可以提高易识别性，提高在公共安全事件突发情况下的应急疏散率。此外，应考虑住区里的无障碍设施设计，以便于残疾人在紧急情况下的安全疏散。

图 5-7　消防指示标识

图 5-8　消防疏散标识

5.1.3　建筑电梯

随着经济水平的不断提高，电梯的设置起始高度越来越低。然而许多城市仍存在大量七层以上的住宅楼没有电梯。对于老弱病残和孕妇来说，这样的既有住宅使用起来非常不便。2011 年 7 月发布的 GB 50096—2011《住宅设计规范》强制规定，当楼层超过七楼或住宅入口楼面距室外地面的高度超过 16m 时必须配置电梯。可以看出，在已建成的房屋中配置电梯已成为当务之急。电梯的设置基于经济水平，还依赖于技术、人们的生活和生理需求等。随着电梯技术的进步，无机房电梯技术越来越成熟，住宅电梯正朝着简单、安全和低价的方向发展。对于大多数既有住宅建筑来说，垂直交通改造都会受到空间有限的局限。在这种情况下，优化现有的交通体系和空间结构，达到最节省面积的情况，对于整个改造过程有着重要的意义。

1. 更新改造条件及选型

由于既有住宅的建造年代不同，其具备的垂直交通改造条件也不同。具体的改造条件受限制于住宅楼间距、停车状况、单元户型分布、单元立面造型、原有楼梯间朝向和楼梯间台阶布置方式等综合因素。在尽可能方便居民和满足人员出行的需求下，以下对不同类型的单元住宅提出合理的改造策略。

（1）道路规划　我国建筑规范对居住区的道路有明确规定，其中《建筑设计防火规范》中规定：消防车道靠建筑外墙一侧的边缘距离建筑外墙不宜小于5m；同时《城市居住区规划设计规范》中规定：组团路及宅间小路至建筑物构筑物的最小距离为2m。改造前需先对建筑与原有路面的关系进行考察，充分探讨道路和改造后建筑界面的关系，再对不符合规范的道路进行先期的改造设计（图5-9和图5-10）。

图5-9　更新改造前的道路与建筑　　　　图5-10　更新改造后的道路与建筑

（2）墙体结构　改造过程中可能会对单元墙体进行拆除和重建，对于老旧建筑，需要在改造设计之前考虑建筑主体的承载情况，对抗震能力较差的老旧住房进行立面的加固修整，避免因拆除外墙面对原有建筑造成破坏和出现安全隐患。更新改造前、后建筑立面如图5-11和图5-12所示。

（3）停车位及绿化　对原有居民楼下停车的情况进行评估，统计原有停车位和绿地情况，在满足小区基本绿化要求的同时，对车位和流线进行重新布置，停车位尽量远离改造后电梯井区域。同时，对于改造占据宅间绿地的情况，应适当在其他位置进行绿地补充。

图 5-11　更新改造前建筑立面　　　　图 5-12　更新改造后建筑立面

2. 入口更新改造

由于既有住区建造年代较早，当时的标准政策不完善，对相关的特殊人群没有专门设置便捷措施，因此在更新改造中有必要在住宅的公共空间中增加无障碍通道。建筑入口门厅的室外台阶处应加建无障碍坡道，同时台阶与坡道的两侧应设栏杆扶手；当室内外高差较大，设坡道有困难时，出入口前可设升降平台。出入口处的平台、台阶踏步和坡道应选用坚固、耐磨和防滑材料。

3. 楼梯间更新改造

《住宅设计规范》规定：楼梯踏步宽度不应小于 0.26m，踏步高度不应大于 0.175m，对楼梯平台净宽等也有一定的规定。既有住区由于建设年代较早，防滑和舒适设计的考虑不足，给上下楼梯的人带来了不便，并存在一定的安全隐患。楼梯的台阶前缘应进行防滑处理，防滑条不应从台阶表面突出，凸缘下口应进行抹斜角处理，以免绊脚（图 5-13）。

此外，应及时修复和更换损坏的栏杆，为老年人增加便于使用的低矮护栏及扶手；应在楼梯间放置连续扶手，扶手可以制成弧形，并在墙角处连续，扶手及其连接部分应满足相应的强度要求，确保人可以通过扶手保持身体的平衡。总而言之，扶手的设置应该最大化的满足老人和孩子的出行。

在住宅建筑交通空间的改造中，除了必要的扶手设置外，楼梯间应设有足够的照明设施。光源可以采用多灯的形式，以消除踏步和人体自身的投影；还应注意灯具的位置，不宜直射眼睛，以免眩光。此外，可以在楼梯踏步和休息平台上设置低位照明，彰显楼梯踏步轮廓，增强可识别性；最为理想的方式是设置脚灯，其高度离地面约 350~400mm，不应太凸，以免影响通道或碰撞。脚灯的设置可以与栏杆扶手的更新改造综合考虑。楼梯间如图 5-14 所示。

图 5-13　楼梯踏步 　　　　　　　　　　　图 5-14　楼梯间照明

4. 增设电梯

目前多层建筑的楼梯是主要的垂直交通方式，随着技术的发展和社会生活水平的不断提高，电梯可以极大地提升住区居民的生活便捷程度，它也是评价住宅居住质量的一个重要标准。因此，在既有住区的更新改造中，用电梯取代传统楼梯，成为住区居民主要的垂直交通方式。

既有住区建设年代较早，其中以老年人居多。因此，利用现有条件在多层既有住区建筑中增设电梯，不仅可以大大方便人员的出行，也可以改善他们的居住品质。一般情况下，在既有建筑物外建造新的电梯竖井是实现既有建筑增设电梯的改造是最经济和实用的方式，并且施工改造对居民的影响最小。在增设电梯时，有必要综合考虑居住类型、前后距离和绿化景观等各种因素的影响，并根据具体情况进行分析。

通过对国内外既有住宅更新改造的相关研究进行归纳总结，增设电梯有以下两种方案：

（1）电梯与楼梯平台之间连接的改造方案　由于住宅区彼此之间的距离足够，在现有住宅结构安全的前提下，若采用轻型钢结构的电梯并安装在建筑物之外，对前后建筑的阳光影响较小。电梯竖井的立面材料可以结合区域特征或社区文化选择，不仅可以解决现有住区人员的交通问题，还能保持现代技术与传统社区文化的有机结合。

（2）电梯与阳台连接的改造方案　这种增设电梯的方案只适合起居室带阳台的户型平面。由于卧室空间的私密性较强，入户空间位置和阳台空间相连存在较大的不适宜性。因此，这种改造方式存在一定的局限性（图 5-15 和图 5-16）。

图 5-15　电梯与阳台连接框架　　　图 5-16　电梯与阳台实物连接效果

在对既有住宅更新改造中，建议按照《住宅设计规范》中的规定进行设置，但在经济条件较好且住户居住需求较高的住区，也可为五层（含五层）以上住宅增设电梯。如果条件允许，电梯可以放在楼梯间内，既不影响住宅楼的日照和楼梯间的照明，还可以直接到达住宅楼层。图 5-17 所示是某单位教职工住宅建筑的电梯设计方案：图 5-17a 所示是原始平面图；图 5-17b 所示是在建筑内部增加电梯，这种方式对建筑物的外观几乎没有改变，不影响外部空间的布局，对外部保护结构没有影响；电梯可以到达住户所在的楼层，但在施工过程中，会对居民的生活产生很大的影响，对建筑物的内部结构造成很大的破坏，且占据室内区域；图5-17c所示是在建筑外部增加电梯，电梯通过人行道与室内空间相连，该方案对原有结构几乎没有损坏，易于实施，但它对建筑物的外部空间及户型影响很大；图 5-17d 所示是在建筑外部增设电梯，电梯与楼梯休息平台连接，对其他楼层的布局没有影响，但电梯只能停在休息平台，不能到达居民所在的楼层。

不论哪种增设电梯的方案，都会存在各自的优点和不足，因此在实际改造设计时，应综合考虑各种因素，结合项目的实际情况进行设计方案的选择。

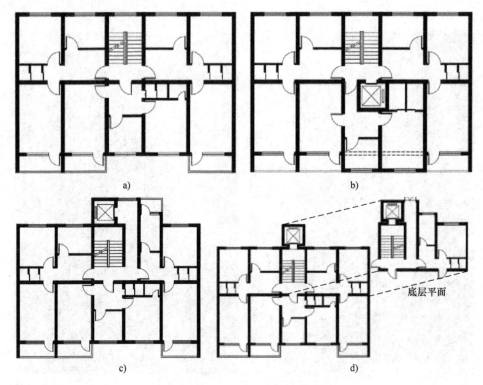

图 5-17　住宅增加电梯的设计方案

a）原始平面图　b）在建筑内部增加电梯

c）在建筑外部增加电梯　d）在建筑外部增加电梯，电梯与楼梯休息平台连接

5.2　住区配套设施更新改造

5.2.1　网络监控设施

1. 可视监视设施

可视监视系统是小区安全防盗措施的一个重要组成部分，它可对小区进行实时监视，可以实时掌握社区中的各种情况，包括治安和交通等，然后由值班人员进行分析判断，正确安排安保力量，对各种相关情况进行及时处理。此外，在社区外安装监控摄像头，可以对犯罪情况进行报警，从而减少犯罪率。

在既有住宅区更新改造的实施过程中，监测可分为两部分进行。首先是小区主要出入口的实时监视。在小区的大门和值班室处设置 2 台高清晰度的对视摄像头，把出入小区的人员和车辆等情况用专业录像机全部记录，必要时配备日期时间发生器来反映录像时间。当小区发生不安全事故后，可通过调取监控资料，为侦察提供线索。其次是对小区的主要道路等重要区域进行监视。圆形摄像头如图5-18 所示，监控拍照设施如图 5-19 所示。

图 5-18　圆形摄像头

图 5-19　监控拍照设施

2. 入侵报警系统

入侵报警系统一般由用户端、传输网络和接警中心组成。其中，用户端包括各类探测传感器和控制主机；传输网络可以是公共电话交换网（PSTN）、无线信道（CDMA／GSM）、Internet 网络等；接警中心（物业中心／门岗）则由接警管理计算机以及相应软件等组成。

入侵报警系统的基本功能是在设防时间内检测布防监控域中的入侵行为，并生成报警信号并提醒警报区域，以便安全中心人员能够及时、有效和准确地处理警报。该系统能实现视频联动切换，报警主机和监控系统主机联动等，同时开始记录，动态显示报警位置，并驱动中央警钟鸣笛，以便工作人员能够快速、准确地对突发情况进行处理。

当检测到有非法入侵后，系统采用声、光、电方式，或者自动拨打住户电话方式，及时做出快速反应。系统也可以与智能住宅的其他系统集成，多层次、全方位地提供安全保障服务。入侵报警系统一般由前端探测器、防区模块、传输线路和报警主机组成。监控中心设在物管保安室，通过计算机网络将所有的探测器连接起来，由保安室进行统一的监控和管理。入侵报警系统结构如图5-20 所示。

3. 电子巡更系统

既有住区大部分都是复杂的综合性楼层，来往人员较为复杂，因此应当设立电子巡更装置，定期对小区周边进行巡视，起到监督和防范的作用。电子巡更系统是辅助的防盗手段，它可以确保巡更的安全性。保安人员在规定时间和路线对治安进行巡察，如果情况正常，巡更人员就会在路线预设设置的位置发出信号。

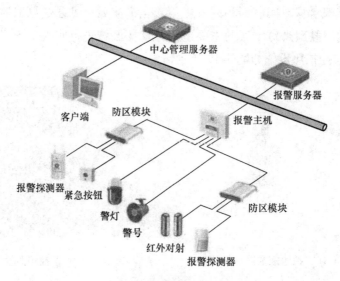

图 5-20　入侵报警系统结构图

电子巡更系统的设置要事先做好详细的规划，通过和业主及小区物业部门等进行充分协商，设计好巡逻路线，沿着路线布置合适的巡更按钮并配备专用的钥匙开关。当巡逻人员到达任何一处后，都可以按动按钮，发回反馈信号。巡逻按钮与整个系统和相应软件进行配合工作，可在计算机上清晰、直观地显示人员的巡逻状态，包括巡逻到点的时间、顺序（路径）和情况是否正常等。它不仅可以监督保安人员巡逻，还可以方便巡逻人员与管理中心联系，确保巡逻安全。

电子巡更装置主要采用的是微处理技术，主要类型包括以下两种：

（1）网络巡更系统　这种巡更系统的一大特点就是安保人员的行动路线是固定的，旨在加强对个别危险级别较高区域的监察力度。安保人员在固定的路线中巡逻，在到达指定的巡更点后，需要向中央控制系统传送该部位安全与否的信号。

（2）离线巡更系统　这种巡更系统需要安保人员持有采集数据的仪器，该仪器会记录安保人员所经过的路线以及到达的每个巡逻点，并将这些数据传输回中央控制室，以确定巡逻地点是否正常。这种巡逻方式更加灵活，安保人员可根据小区每天的不同情况，选择需要巡逻的地点，扩大了巡逻范围。

既有住区电子巡更系统是指在住区内事先设置好巡更路线，小区保安沿着指定的行进路线进行巡逻，每经过或达到一个巡视点，小区的监控中心都会有相应提示，记录在案。同时，如遇突发情况，监控中心也可调度附近巡更点的保安人员第一时间赶到事发地点，处理状况。

4. 燃气自动监控系统

燃气自动监控系统可以对燃气监控状况进行实时无线传输，可以有效避免燃气泄漏造成的危害，能够及时获取与民众燃气利用相关的数据信息，并且对于燃气泄漏等异常情况设计了自动报警功能。与过去的被动检测比较，住区更新改造运用的监管手段更加人性化，实现了数据的动态获取及实时共享，不仅提高了燃气利用的安全性，还促进了监控管理服务的质量，实现了现代化和精细化的监管过程，在很大程度上防止因为燃气扩散而导致的火灾等严重后果的发生，使燃气的安全性得到根本性的改变，这对突发事件采取及时、有效的措施，具有重大的现实意义。

燃气监控系统可以精确监测气体浓度，并在气体浓度达到一定标准时报警。在自动报警提示后，如果在预设的时间内没有人关闭，监控系统将自动发出电话报警。同时，监控系统将自动关闭燃气阀并打开通风换气设备，这将大大提高燃气使用的安全性。

燃气监控系统的关键部件是气体传感器，大多数传感器安装在设备的测试探头中。在功能上，传感器的功能主要是将诸如气体的分数、质量之类的信息转换成电信号，然后将电信号传送到监控系统。气体的检测方法会直接影响监测系统的反应时间的长短。目前检测方式主要是通过简单的气体扩散方法和将气体吸入检测的设备中进行检测。

既有住区更新改造后燃气自动监控系统可较好地用于安全控制，对民用气体进行全方位和多角度的连续监测。自动信息传输和危险情况报警的触发也得到一定程度的保证，不可避免地大大提高了燃气使用的安全性能。此外，由于具有远程控制功能，该系统还可以为物业和供气公司提供服务。假如燃气发生泄漏就会发出警报，得到警报通知的单位或部门就能够迅速制定或采取相应的解决方案，从而有效地避免安全事故的发生。

5.2.2　智能充电设施

随着交通条件和技术的发展，电动自行车和电动汽车已成为中小城市人民的主要交通工具。电动自行车因其方便、快捷、廉价和环保而赢得了大家的青睐。可是这也带来了一个问题，就是电动车充电难。大多数住区设计没有为业主提供便利的充电设施；集中充电没有"计量"功能，按时充电时遇到电动车功率等级不同的问题；需要专门有人值守。居民在楼上和楼下给电池充电都非常不方便；电池车乱停乱放和占据通道充电可能引起一系列火灾和触电危险。社区环境已经受到影响，有关财产的冲突越来越多。因此，在既有住区更新改造过程中，有必要规划和设计住宅区的充电设施（图5-21和图5-22）。

1. 充电设施按使用场景分类

充电设施可以分为：住区自用充电设施和住区专用充电设施。住区自用充电设施是指在商品住区内或具有使用权的停车位（库）建造的自用充电设施。住区专用充电设施是指由住区中的公共停车位由物业单位或者第三方公司建设提供的公共充电设施。

图5-21　电动汽车充电设施　　　　　　图5-22　电瓶车充电设施

2. 充电设施设置方案

（1）住区自用充电桩共享　住区中的自用充电桩是由私人充电桩所有者在其自己的产权中或使用物业停车空间建造的充电桩。住区自用充电桩一般为7kW交流充电桩，充电时间集中在夜间；在其他时段，停车位和充电站闲置。住区自用充电桩可以从两个方面共享：提供充电服务和广告服务。

自用充电桩拥有者通过将自己的充电桩连接到共享充电服务平台，所有者通过平台的管理设置充电桩的共享时间段和充电服务充电标准。共享充电服务平台向充电需求的拥有者呈现闲置充电桩，并实现车辆与桩的对接，使得自用充电桩可以在闲置期间为其他电动车辆提供充电服务。当充电桩具有广告植入窗口时，充电桩也可以作为广告递送载体与广告媒体企业共享，使得自用充电桩拥有者可以获得广告服务的利润。这种充电桩的共用也称为"私桩共享"，其可以提高充电桩的使用效率，同时提升充电桩的经济价值。

（2）住区专用充电桩共享　用于住区的专用充电桩是指由物业单位或第三方公司为住区中的公共停车位提供公共充电的充电桩。住区专用充电桩主要由7kW交流充电桩组成，配套一定数量的直流充电桩。充电服务对象主要是住宅用户，因此充电时间集中在夜晚，在其他时间段内，大多数的停车位内的充电设施处于非工作状态。

在确保社区安全和居民生活质量的前提下，住区专用充电桩可与社会电动车公用。在充电桩连接到共享充电服务平台之后，将白天设置为充电桩共享时间段。共享充电服务平台向充电需求者提供空闲充电桩，并实现车辆与桩的对接，特别是一些快速充电桩还可以为非社区电动车辆提供快速补给服务。当充电桩具有广告植入窗口时，充电桩也可以作为广告递送载体与广告媒体企业共享，从而获得广告服务的收益。

住区专用充电桩共享是对充电桩（设施）运营的一种探索，具备条件的充电桩通过共享方案可以提高充电桩（设施）的使用效率及经济效益。

5.2.3　夜间照明设施

合理的照明设施可以有效提高能见度，帮助居民提前预防潜在危险，确保自身安全。夜间部分区域的能见度低，没有路灯或灯光昏暗的地方为犯罪提供客观条件。在行人较多的地区，夜间照明的主要视觉要求是能够快速识别正在接近的行人。从安全的角度来看，必须及时区分这个人是否是友好的，没有潜在威胁的。

住区夜间照明范围主要包括住宅用地、室外车辆停放处、户外活动场地和休闲设施等区域。考虑到现在夜间出行或运动的居民越来越多，对户外运动场地的照明设计显得越来越重要，户外运动本身就存在一定的不安全性，如果是在夜间运动，那就更要考虑其安全问题。对这些区域的照明要进行严格的设计，有时甚至需要运用夜间运动场地的照明专用系统。

1. 住区人行便道照明

以自行车及行人为主要服务对象，其照明在一定程度上还带有相当地景观需要。行人道路应使用具有更好显色性的低色温光源，并且多用低功率高压钠灯和金属卤化物灯，安装高度通常在 4～8m，不应超过道路两侧建筑物平均高度的一半，也不应小于道路宽度的一半。灯可以使用走道灯和庭院灯等。在某些地方，可以根据环境特征使用地下灯、草坪灯等，增加环境的景观和趣味性。住区人行道路照明设施和住区车行道路照明设施如图 5-23 和图 5-24 所示。

2. 宅前道路照明

宅前道路主要面向小区内步行人员服务，通常所需的平均照度不得低于相邻道路照度水平的 50%。宅前道路首选小功率的照明灯具，推荐使用绿色节能的太阳能灯；识别性的灯光指示牌及楼门标灯建议采用 LED 光源。在人行道的照明过程中容易产生光干扰，因此必须控制光逸散。

图 5-23　住区人行道路照明设施　　　　图 5-24　住区车行道路照明设施

3. 停车区域照明

停车场的照明问题也是一个亟待解决的问题。随着私人汽车的增多，居住区也需要更多的地方来安排车辆的停泊。停车场需要独立的照明系统，这些照明的尺度比起居住区其他地方要大一些，照度也要更大和更均匀一些。改造前后停车区域照明设施如图 5-25 和图 5-26 所示。

图 5-25　改造前停车区域照明设施　　　　图 5-26　改造后停车区域照明设施

自行车仍然是我国目前较多地区主要的交通工具，但是多数居住区中自行车棚一般不会设置单独的照明设施，仅靠周边的照明来满足。由于很多车棚设置在较为偏僻的地方，因此需要在入口设置指示标识，同时需要增加照明来提供视野和防止盗窃事件。

由于停车场中车的速度非常低，因此照明需要一定的均匀系数（最大/最小值）以确保驾驶员（或行人）能够容易地找到目标。专用停车场的车道入口照明设计应有良好的引导，灯具应配备防眩灯，以防止不适。常用的光源是高压汞灯、高压钠灯、金属卤化物灯、低压钠灯，显色性对于停车场格外重要。由于停车场分散在建筑物周围，灯具方面如庭院灯、壁灯、高杆灯、路灯有各种尺度和布局，且它们的照明面积不是很大，因此可以使用与道路照明一致的 6m 高的庭院灯。

在眩光控制方面，除了周围建筑物的反射以及停车场中的汽车引起的反射光之外，还需要考虑合理的直射、反射和透射光屏蔽，以提高可视性。

4. 健身区照明

健身区应有足够的水平照明和垂直照明，同时具有足够的均匀性；有适宜的光色和良好的显色性；为了有效屏蔽光源，灯具的最小遮阳角应符合要求。室外健身区照明如图 5-27 所示，夜间跑道照明如图 5-28 所示。

图 5-27　室外健身区照明　　　　　　　图 5-28　夜间跑道照明

5. 休闲区照明

娱乐区域的照明必须基于该区域的实际用途。例如，有些地方只用于散步和休息，有些是专为儿童玩耍而设计的，有些则必须满足观看或多种功能，它们的照明要求会有很大差异，但无论出于何种目的，确保行人活动中的个人和财产安全至关重要。

6. 楼宇出入口照明

建造楼宇出口和入口照明的目的是使行人能够看到台阶及任何障碍物，使行人能够看到眼前的路况，选择具有良好显色指数的光源。住区入口照明如图 5-29 所示，住区夜间照明整体效果如图 5-30 所示。

图 5-29　住区入口照明　　　　　　　图 5-30　住区夜间照明整体效果

照明灯具可以安装在台阶的栏杆上或侧壁上，在正常观察者的视野下方，这不但提供了所需的照明水平和不产生眩光，而且在人脸上具有一定程度的可见度。对于没有栏杆或侧壁的台阶，照明灯具可以安装在踢板上。可配备具有强向下光束或方向性的灯具，以实现踏板上所需的照明水平，照明设备的选择和布置也应满足阶梯设计的美学要求，并具有相应的安全防护水平。当台阶靠近道路时，应注意避免对行人造成眩光。

7. 夜间监控设施照明

虽然居住区夜间监控设备在逐步升级，许多住区也已经开始使用红外一体摄像机作为夜间监控的工具。但由于既有住区建设年代较早，不解决夜间照明即进行夜间监控的想法在目前来说仍不太现实。这个问题的主要原因在于红外一体摄像机的使用寿命问题，部分国产红外灯工艺问题寿命较短，进口红外灯对电源有较高要求，必须按规定标准提供恒流。如果电压不稳定或电源不足，将直接影响其照明能力和使用寿命。因此，现阶段既有住区更新改造时还需考虑夜间监控所需的照明条件。

8. 照明设施安全防护

照明设备和电气管道以及输变电设备必须有足够的安全保护措施，以严格避免因灯光引起的泄漏事故或火灾。另外，照明灯具本身应具有足够的强度，以承受某些自然力（如风荷载）、事故（如碰撞）和人为破坏。

5.2.4 无障碍设施

既有住区更新改造过程中应该考虑残障人士对各类设施的特殊需求，建设无障碍设施使他们能够正常地进行日常活动。残障人士尤其是下肢残障者，平常在家里的停留时间相对较长，如果只在公共环境中有无障碍设施可用，而对肢体残障人的家庭小环境不予管理，就会使他们在生活中遇到很多困难，会因设施不健全等因素，而失去生活自理的能力，给其他正常的家庭成员和社会大环境造成一定的负担。因此，既有住区更新改造过程中需进行无障碍设施的配建，应在规划设计中考虑到特殊对象，在人性化和特殊化方面进行定制化设计服务。

1. 入户、门及通道空间的优化

空间优化就是将住区整个空间的布局安排成肢体残障者所需要的空间形式，主要是在通行和空间的使用上。入户空间要求是以轮椅的通行顺畅为原则，要求达到室内无高差，若有一部分高差的存在，则选用坡道的办法进行处理。钢材质坡道和石材坡道如图5-31和图5-32所示。在各个空间里都应确保乘坐轮椅者可以安全、便捷地使用。

图 5-31　钢材质坡道

图 5-32　石材坡道

　　为了保证轮椅在入口处能够正常地通行，设计要求入口宽度最低宽度应在80cm 以上，在规划设计时，最好能够保证宽度在 85cm 以上，留有一定的活动空间，设计时应在门面距离地面35cm 左右的地方设计一层防护板，门把手的位置也应该根据下肢残障坐轮椅者容易触碰的高度来进行安装，一般是控制在 85～90cm为宜，还应在门上设计出局部的透明玻璃安全窗，以保证进出时视角没有盲区，从而避免其他人碰撞乘坐轮椅者。为了方便乘坐轮椅者进出，在采购时应该选择无门槛的门套，或者对防盗门的构造用适当的方法进行对应处理，如将门槛置入楼层中，便于轮椅通行。

　　通道空间是居住空间的内部干道。通道的宽度和门的开启方式也是空间优化中非常重要的研究内容。门对肢体残障人员有较大影响，如果设计得当，就能够让肢体残障人员灵活、自由地通行；如果设计得不好，会对他们构成极大的障碍。门不仅自身重要，而且在居住空间内部通道中的设置也很重要。门的开启方式对于肢体残障人员，尤其是下肢残障人员来说格外重要，因为下肢残障人员的活动大部分需要靠轮椅作为代步工具，那么从使用的难易程度上来讲，对于肢体残障人员尤其是下肢残障乘坐轮椅者来说，最好的选择是自动门，其次是推拉门，再次是平开门，最后是折叠门。但是考虑到残障家庭居住空间的经济性和安全性等因素，推荐选择常用的平开门。

2. 卧室空间的优化

　　无障碍卧室环境相对于平常的居住空间卧室环境有更高的要求，主要表现在三个方面：

　　1）要求有较好的房间朝向。这点主要是为了保证房间可以拥有充足的日照时间，有助于杀菌，从而加强了空气的质量，有助于身体健康。

2）良好的空间位置。无障碍卧室的地理位置最好是家庭或建筑的中心部位的房间。

3）适宜的面积。在对无障碍卧室进行规划设计时必须考虑到轮椅的回转空间，同时在条件允许的情况下还要考虑到护理人员在护理时所需要的空间。

无障碍卧室主要是为了保证卧室内的设备能够使肢体残障人士便于使用和拥有良好的视觉环境。对于肢体残障者来说，家具设计、房间设备的配置和卧室插座的高低、位置等要给予特殊的关注和人性化的设计。

3. 厨房空间的优化

厨房对于肢体残障者来说是一个重要的空间，现在的厨房产品里有很多的电子设备，然而肢体残障人员行动不够灵活，不能使用过于烦琐的器具，或许还会因为操作不当而发生事故，尤其是下肢残障人员，这就需要既安全又方便的设备。另外，厨房既要适于正常家庭成员的生活，也要满足下肢残障人员的使用，这不是一件简单的事，因为这两种使用者的高度不相同。

市面上所卖的轮椅是不能够横向移动的，所以在对厨房进行设计时，应将这些元素考虑进去。对于下肢残障人员来说，操作台周边可以设计二字形或 U 字形的无障碍扶手来支撑身体，若保持直立有一定的困难，也可以考虑坐在椅子上进行厨房的工作。

4. 卫生间空间的优化

卫生间对于肢体残障人员来说是一个极其特殊的空间，也是居住空间中极其重要的组成部分，它决定着这个居住空间是不是真的适合肢体残障人员居住，尤其是下肢残障人员。无障碍的卫生间设计囊括了诸多方面，包括使用器具的具体搭配、针对肢体残障人员的选型和具体的产品布置等，要结合肢体残障人员的移动特点确定卫生间设计的具体要求。公共卫生间无障碍设施如图 5-33 所示，户内卫生间无障碍设施如图 5-34 所示。

图 5-33 公共卫生间无障碍设施

图 5-34 户内卫生间无障碍设施

5. 阳台空间的优化

对于无障碍居住空间的阳台设计来讲，它的面积不能小于 1.5m²，设计要求当一个人坐在阳台上时，另一个人可以顺利地从他的前方或后方通行，并在设计时要注意预留够轮椅行进的面积；其次是阳台的竖向设计，一般比较适合做成有镂空感的样式，因为轮椅使用者的视线基准比较低，若采用太过保护的形式，会影响到使用者的舒适感受。栏杆的高度应大于110cm。如果条件允许，还可以将阳台设计成小型花房或者种植基地，创造出趣味的生活空间。

5.3　公共服务设施更新改造

5.3.1　商业服务设施

随着城市居民生活水平的提高和生活节奏的加快，人们越来越重视做好每件事的时间成本，对日常生活便利性的要求越来越高。休闲娱乐消费的综合要求也在不断增加，这使人们对生活环境有更高的要求。住宅区的小型商业设施主要是满足市民日常需求的便利企业，在住区配置早餐店、便利店、水果和蔬菜店、诊所、药店、维修和其他与民生息息相关的服务点。住区的大型商业设施主要是为了满足居民更高层次的需求，如餐饮、银行、洗衣、美容、服装、保健和健身等。这种商业水平可以促进社区中心模式，实现一站式购物，由物业服务提供商统一规划和管理，并建立标准化的社区商业模式，为消费者提供优质、价格合理和周到的服务，形成住区业务的核心区域。

1. 规划原则

（1）注重商业空间的整体性　既有住区更新改造和改造的规划布局应切合实际，合理利用社区的自然环境、人文环境和道路环境，综合考虑居住区的总体规划和发展战略，将商业设施和住宅区等功能区域整合为一体，更好地发挥其住宅服务功能。

（2）以人为本原则　居住区商业服务设施布局必须坚持以人为本的原则。在居住区的商业规划和建设管理中，要以为居民创造方便、舒适和优美的商业环境作为商业设施建设的根本出发点和立足点；要科学、合理地调查群众的生产工作方式，听取住区居民意见，有效组织零售摊位开展区域集中经营，增加零售散户投资收益，为更新改造后的住区居民及游客营造舒适、安全的人性化商业服务空间。

2. 规划设计策略

商业服务设施不仅能方便居民日常生活，还能产生经济方面的效益，包括商业店铺出租产生的租金收入。商品售卖在一定程度上增加了城市税收。因此，在规划设计的策略上可从以下角度着手。

1）从管理的角度入手，规范住区内部商业，防止侵占人行道路，美化沿街店面形象，塑造美观、品质化的住区形象。

2）在空间布局上，商业设施尽量集中布置，可考虑在次要交通线路上沿街布置，既方便居民生活，又避免对交通造成干扰，在空间条件允许时也可在公共活动场地旁增设商业设施，方便居民的同时可以增加就业和提升经济效益。

3）在老年人的餐饮服务上，应为老年人提供营养规划食谱，提供个性的营养餐，满足老年人日常饮食需求和养生需求。

3. 商业服务设施功能分布

商业服务设施旨在实现货物交换，满足消费者的需求，并明确从事商品销售，包括商业中心、百货商店和建筑群的商场部分，这种类型商业建筑更加注重开放性和公开性，是和人们的生活息息相关的最密切的公共建筑。随着我国商业发展，这些商业服务设施的内容和功能日趋多样化。

住区的商业设施往往具有一定的区域性，主要以住区居民为主要对象。该建筑功能与其他类型的建筑相比，提供商业服务场所的目的更加明确，主要是保证住区居民基本日常物质和精神服务需求的地域业务，与居民生活密切联系，业务形式集中且多样化；主要目标是提高居民的生活便利性的综合服务能力。住宅区业务还可以提高居民的生活质量，增加居民区的归属感。根据商业业态功能的属性不同，商业服务设施业态功能分布见表5-1。

表5-1 商业服务设施业态功能分布

	便利店	种类集中：主要以即时食品和日常小百货等为主
	杂货店	种类多样：有饮料、烟酒、休闲食品、蔬果甚至肉食类等
零售类	百货超市	小型超市：食品超市和小型综合超市
		大型超市：规模比超市要大，通常为综合超市，以衣食用品齐全，而且注重自有品牌开发
	小个体经营商铺	类别多样，有服装店、文具店、书店、眼镜店、药店、电器仪器店等
餐饮类	业态种类	中西餐馆、早点店、面包店、甜品店、咖啡店、连锁快餐店等
	餐馆类型	饭庄、饭馆、饭店、酒家、风味餐厅、快餐店及自助餐厅等类型
保健类	专门的私人诊所、健身、康体，也包括足浴、桑拿与美容等	
其他类	主要包括理发店、快递点、摄影照相、复印、中介、彩票投注、家政、干洗、课外辅导机构等	

5.3.2　娱乐文化设施

1. 居民对文体服务设施的需求

（1）经济发展促进文体活动需求提高　随着居民可支配收入的增加，住区居民对基本物质生活的需求更加满意，也希望获得各种文化娱乐活动，以满足精神文化方面的需求。一方面，面对工作和生活的多重压力和日益激烈的竞争环境，人们越来越重视工作与休闲的平衡，关注身心健康。例如，近年来瑜伽和有氧健身等运动尤其受到都市人的青睐。在繁忙的日常工作之余，他们可以充分放松和缓解压力。另一方面，住区的儿童和老人有充足的时间参加文化和体育活动，作为平日放松的方式。因此，他们对相关设施的需求也相对较强。

（2）国家政策鼓励文体活动发展　一方面，近年来国家先后确定了一些法定假日，大力发展带薪休假制度，旨在为城市居民提供更多的休闲时间。另一方面，国家也在关注如何促进民族健身，增强人民群众的身体素质，并在政策和财政层面给予了大力支持。例如，1995 年颁布的"全民健身计划纲要"将全民健身定义为一项基本国策，将人民健康提升到国家发展战略目标的高度；国家还将体育彩票的部分收益用于当地体育集团的发展支持资金。

（3）各年龄阶段居民需求的差异性　首先，青少年和儿童由于年龄较小，对安全问题认识不足、意识不强，因此出于安全因素的考虑，其文体活动场所大多集中在住区范围内，或是在学校和幼儿园中。一些室内文体设施，如阅读室、书法绘画室、室内活动中心等也倍受青睐。近年来，家长对孩子全面健康发展越来越重视，希望孩子能够在娱乐中同样学到知识，寓教于乐，而不是单纯地游玩，因此很多新型设施应运而生。

其次，成人群体的最大特点是在住区花费的时间非常短。对于成年人来说，他们拥有广泛的兴趣和爱好，而且需求类型多样化，往往受到新事物和社会趋势的影响。因此，如果想在住区内满足这一群体的需求，则需建立更多形式的文化和体育设施，如高档次的健身房和游泳馆等。

最后，由于住区人员的身体、身心方面的特征，最受欢迎的是体育和文化丰富的娱乐。在开展文化体育活动的同时，满足人员互动的需要，体验更丰富的业余时间。例如，象棋、散步、气功、太极、舞蹈、京剧、书画等活动都是放松的项目。强身健体、娱乐身心、调节精神、人际交往是居民参加文化体育活动的主要动机。

2. 设施总体规划管理

1）以群众参与为基础，以公益活动为重点的文化体育服务设施的目标是满足居民休闲娱乐的需求。在公平、开放的环境中，最大限度地利用住区公共设施资源吸纳更多居民和开展文化体育活动是此类设施的核心内涵。住区居民最需要的是群众的公益设施，而不是需要高消费的"贵族游戏"。因此，要始终把居民的需求放在首位，并在群众的参与下，大力发展公益活动。居民参与住区的活动将进一步增强住区认同感和居民的归属感。这将提高住区的人文素质，实现更高水平的社交互动和情感交流。

2）整合资源，综合设计。居民区的土地使用情况普遍紧张，最常见的方式是将小学和幼儿园的体育场馆和设施结合起来，提高其使用效率。

此外，还可以协调绿化和广场等资源。例如，方形铺砌的土地也可以用作太极拳、舞剑、交谊舞等的场地，绿色空间也可以用作练气功的场所。社区文化体育设施的设计还应从居民活动的需要出发，结合各种活动的时间、地点和频率等，综合分析各种因素，寻求最佳的规划配建方案。

3. 娱乐文化设施

住区的娱乐和文化设施按功能可大致分为休息设施、娱乐休闲设施和健身设施等。除了这些设施外，还有许多辅助设施也必须出现在住区的公共空间中。此外，住区休闲设施的功能多样化，具有多面性。休闲设施旨在突出主要功能，与辅助功能相互融合。健身设施充分展示了住区休闲设施设计师的设计理念，并具有扩展到多功能，满足居民需求多样化的趋势，这是一个非常有益的发展趋势，值得推广。

（1）休息设施　住区公共空间中的休息设施，顾名思义，就是为该住区居民提供休息场所的设施，如居民需要在交流过程中坐下来并提供相互交谈的设施；父母陪孩子玩耍，大多数情况下需要休息的设施等。休息设施一般有椅子、凳子、凉亭、长廊等（图5-35和图5-36）。事实上，在某些情况下，一些自然形式的景观设施也可以用作休息设施，为居民提供休息的场所。例如，宽阔的草坪、天然石材、木桩和其他景观可用作休息设施。

例如，将天然石凳的自然形状融入住区的公共空间，与周围环境融为一体。"天然座椅"在布局上关注了整体与局部的关系，或是排列成紧密的一排，或者单独设置，并根据人体工学的合理比例，对其进行加工利用。这种布置一方面顾及了居民开放的交流空间，另一方面构建了一种封闭的半私密空间，使居民不被打扰，或观赏或思考放松，充分体现了规划者对人性化的深入理解和运用。

图 5-35　休息长椅 　　　　　　　　　　　　图 5-36　长廊

（2）娱乐休闲设施　这些设施的使用者多为活泼好动的少年儿童，他们不会在一个固定的范围，也不会对一个娱乐设施"情有独钟"。随心所欲地更换游玩工具，喜欢宽敞的场地，到处嬉戏，是符合他们年龄特点的休闲行为方式。

目前，许多住区为游乐场设置了一些道具，例如：儿童滑梯、摇马、跷跷板、攀爬设施、秋千、城堡等，或根据儿童身体比例建造一些健身设施，可以满足儿童寻求新事物的心态。值得注意的是，有些设施既可以用作娱乐设施，也可以用作儿童休息设施。

此外，一些住区休闲设施还准备了一些石桌和石凳，供下棋用。在石桌上直接描绘棋盘不仅对于使用者来说是方便的，而且也允许更多的旁观者在公共空间中享受其他人的乐趣。凉亭如图 5-37 所示，石桌石凳如图 5-38 所示。

图 5-37　凉亭 　　　　　　　　　　　　　　图 5-38　石桌、石凳

（3）健身设施　在当今生活中，人们不仅追求物质生活的改善，中老年人的健康观念和体育锻炼意识也得到提高，他们通常在固定时间段到社区休闲设施场所进行锻炼；此外，大多数年轻人忙于工作，所以使用住区健身设施的人群大多是中年和老年人。

健身设施主要是一系列健身器材，在锻炼身体的过程中协助人们伸展、弯曲、扭转等。它可以帮助人们增加体力和灵活性，增强身体各部位的协调性，达到强身健体的目的。住宅社区的健身设施与器材现已成品化（图5-39和图5-40）。住区健身设施有以下常用设备：上肢训练器、腹部背部训练器、扭转器、腰部和腿部训练器、坐式推进器、双旋转轮、太极推杆等。

图5-39　室内健身设施　　　　　　　　　　图5-40　室外健身器材

（4）文体活动服务设施

1）文化休闲设施。住区文化休闲设施的配置根据住区居民的需求不同而有所不同。普通住区文化休闲活动一般包括阅读、书画、棋牌、视频和音乐欣赏等项目。读书场所如图5-41所示，书画馆如图5-42所示。

图5-41　读书场所　　　　　　　　　　　　图5-42　书画馆

2）室内体育运动场所。室内体育运动场所包括各种小型体育场馆，如乒乓球室（图5-43）、台球室、羽毛球场地（图5-44）、健身房等。一般而言，由于管理成本和维护成本等因素，各种设施的配置应该是经济合理的，设施的配置水平通常由项目本身的要求决定。

图 5-43 乒乓球室

图 5-44 羽毛球场地

3）室外体育运动场地。室外体育运动场地则是为各年龄层居民提供的适于户外活动的休闲运动场地，从使用主体上划分，其内容包括儿童场地、青少年场地、中老年场地。

① 儿童场地包括幼儿游戏场地和学龄儿童游戏场地。其中，幼儿游戏场地为3~6岁儿童活动场地，内容为硬地、座凳、沙坑、沙地等，布局应较为明显且在便于住户观察的范围；学龄儿童游戏场地应结合公共绿地布置，内容包括多功能游戏器械、游戏雕塑和戏水池，并且须考虑安全因素。

② 青少年场地内容包括运动器械场地，如单双杠、爬杆、哑铃、跑步机场所以及各种球类运动场所，如羽毛球场、网球场、篮球场等。一般单独设置在小区范围内，其规模符合各项设施自身的标准。

③ 老年人场地内容包括晨练、下棋、棋牌、老年门球等场地。在布局方面，一般可结合绿地设置，对于特殊的老年活动项目应根据有关规范确定。

5.3.3 养老服务设施

1. 养老服务设施改造

人口老龄化的到来，住区养老服务设施改造的重要性变得尤为突出。既有住区已经通过适当的改造腾挪出部分空间提供给老年人用于棋牌等娱乐活动，但是在医疗、餐饮、学习等方面仍然依托于城市的配套功能。结合老年人生理和心理层面的需求，根据国家倡导的"老有所养、老有所依、老有所教、老有所学、老有所为、老有所乐"价值目标，需要建立健全养老服务设施。老旧住区的社区服务用房面积比较有限，可以通过各种改建方式逐步实现老年人的全面需求，具体可以通过住区用房功能置换、住宅功能置换、沿街商业功能置换的方式。具体改造措施如下：

1）建立住区老年医疗保健机构。平时老年人治疗小病要秉着"就近性"原则，可以通过改造住区医疗站，或者由政府和有资质的私人小诊所签署协议兼具老年人医疗功能，医疗站通常 $100 \sim 150 m^2$，可以进行简单的检测和治疗，还可以提供老年人复杂病情的预约挂号、陪送就医和代为取药等服务。

2）完善社区老年活动中心。目前，有些老年活动中心由原来住区用房改造而来，活动功能单一，设施针对普通大众，并不是非常适应老年人的要求。改造时要结合老年人群体的需求特点，考虑老年人的兴趣爱好，并应将服务范围覆盖所有老年人。活动中心应结合现代生活方式，考虑设置：棋牌室、网络室、阅览室、书画室、乒乓球和台球室、影音室。活动室应采光通风良好，相互之间不干扰，室内家具配置、地面铺设均要考虑老年人的活动特点。

3）提升社区老年服务功能。居家养老不能像养老院那样拥有完善的服务机构，但可以通过购买服务的形式，慢慢形成规模化服务体系。可以结合周边商铺的服务，远程服务以及义工服务方式，解决送餐、保洁、洗衣、理发等功能（图5-45 和图5-46）。

图 5-45　便民小卖部

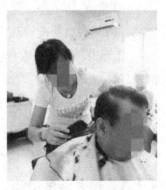

图 5-46　理发店

4）增设社区老年学习机构。随着经济的发展和社会水平的不断提高，老年人除了居住医疗、就餐等物质生活外，对精神生活也提出了越来越高的要求。吴良镛提出，人类在物质消费得到较好的满足时，就一定会转而要求文化消费的扩大。与物质消费不同的是，文化消费可以说是没有止境的。老年人的学习机构可以让老年人重温年少时的群体生活，拓展新的知识，通过学习才不会落后于社会环境，找到自己存在的价值。老年人的学习机构要全面、系统地考虑老年人的视觉、听觉等生理方面的特征，在教室布置上以小班教学为宜。单个教室面积控制在 $50 \sim 60 m^2$，人数约为 $30 \sim 40$ 人（图5-47 和图5-48）。

图 5-47　视频学习

图 5-48　书法讲堂

5）改造更新公共厕所。许多既有住区中的公共厕所早已年久失修，或是无人管理，臭气熏天，或是早已关闭，不再使用。老年人行动不便，出门活动常会因为解手而带来许多麻烦，对公共厕所的改造迫在眉睫。公共厕所地面常有积水，对老人来说存在极大隐患，必须更换地面砖，采用防滑地砖，或加设其他防滑装置；重新清理地漏，确保排水通畅。入口增设按照 1/12 坡度要求的无障碍坡道，两侧扶手采用无障碍扶手。根据实际卫生间的尺寸大小，增设无障碍厕位或改造翻新无障碍厕位。无障碍厕位内应设置无障碍小便斗、无障碍洗手盆和无障碍坐便器等，墙面上应设置挂衣钩。无障碍厕位应有 1.5m 的直径空间，以满足轮椅回转的要求。厕所内应具有自然通风采光，并采取换气扇加强排风效果。

2. 标识指引系统改造

标识的作用是传达、引导和介绍信息等，良好的标识系统是住区传递信息的重要手段，对于老年人来说尤其有很强的依赖性。老年人记忆退化，视力下降，对于熟悉的环境有时也不辨东南西北，更何况住区环境年年在更新变化之中，因此合理、明晰的标识系统是不可缺少的。一个完善的标识系统包括四类标识，分别为名称标识、环境标识、指示标识和警示标识。老旧住区往往只有名称标识，其他标识均非常缺乏，应予以完善。部分标识示例如图 5-49 和图 5-50 所示。

1）标识设置的部位应为醒目的位置，字体尺寸要大，文字使用中文和阿拉伯数字，避免使用英文，便于老年人一眼就能识别。

2）标识所用材料应该经久耐用，不易破损。标识的材质应为不会反光的材料，字体和背景要使用强烈的对比色，主色应采用黄色、橙色、红色等便于识别的颜色，不建议使用蓝色、紫色等不易识别的颜色。

3）除了建筑物的名称标识，其他标识宜贴近人的尺度，不宜过高或过低，并且兼顾坐轮椅的老人阅读。

图 5-49　室内标识指引

图 5-50　卫生间标识指引

4）用于夜间识别的标识要辅助以灯光照明，或者采用自发光的形式。

5）标识的样式要根据整个住区的建筑、景观风格进行统一设计，要展现出一定的美感。

5.3.4　垃圾分类设施

随着物质水平的提高，居民日常产生的生活垃圾也越来越多。由于对物质需求的种类不同，导致最终的垃圾种类也各异。如果不能对垃圾进行有效的分类处理，一方面会造成垃圾迅速积累，极大地影响居民的生活环境水平，影响其身心健康；另外一方面，对垃圾的处理造成巨大的困难，容易形成"垃圾围城"的现象。

目前我国城市生活垃圾中可回收的废弃物主要有废纸、废塑料、废玻璃及废金属、废弃卫生用品、厨房垃圾、煤灰、织物等。随着人们生活水平的提高，生活垃圾中可回收物的含量不断增加，可回收性也不断提高。

建设部于 2004 年颁布了《城市生活垃圾分类及其评价标准》，作为我国首部专门针对生活垃圾分类的评价标准，其对城市生活垃圾的详细分类做了相关的规定。依据本地区垃圾特性及填埋方式的不同，将其进行如下分类：

1）采用焚烧处理垃圾的区域，可以按照可回收物、可燃垃圾、有害垃圾、大件垃圾和其他垃圾进行分类。

2）对于垃圾直接进行填埋的区域，应按照可回收物、有害垃圾、大件垃圾和剩余垃圾进行分类。

3）对于堆肥处理垃圾的地区，应该按照可回收垃圾、可堆肥垃圾、有害垃圾、大件垃圾和其他垃圾进行分类。

其中，生活垃圾依据现存状况和处理方式主要分为六大类：可回收物、大件垃圾、可堆肥垃圾、可燃垃圾、有害垃圾和其他垃圾，如表 5-2 所示。

表 5-2　垃圾分类

分类类别	内容
可回收物	包括下列适宜回收循环使用和资源利用的废物： 1. 纸类：未严重沾污的文字用纸、包装用纸和其他纸制品等 2. 塑料：废容器塑料、包装塑料等塑料制品 3. 金属：各种类别的废金属制品 4. 玻璃：有色和无色废玻璃制品 5. 织物：旧纺织衣物和纺织制品
大件垃圾	体积较大、整体性强，需要拆分再处理的废弃物品，包括废家用电器和家具等
可堆肥垃圾	垃圾中适宜于利用微生物发酵处理并制成肥料的物质，包括剩余饭菜等易腐食物类厨余垃圾，树枝花草等可堆沤植物类垃圾等
可燃垃圾	可以燃烧的垃圾，包括植物类垃圾、不适宜回收的废纸类、废塑料橡胶、旧织物用品、废木料等
有害垃圾	垃圾中对人体健康或自然环境造成直接或潜在危害的物质，包括报废日用小电子产品、废油漆、废旧灯管、废日用化学品和过期药品等
其他垃圾	在垃圾分类中，按要求进行分类以外的其他所有垃圾

在日常生活中，居民的垃圾分类行为会受到配套设施的影响，配套设施的完善程度和便捷程度直接影响垃圾分类的效果。配套设施越完善，居民参与垃圾分类行为的可能性就越大，加强配套设施建设显得尤为重要。虽然目前我国大多数住区设置了垃圾桶进行垃圾分类回收，但是在回收类别的设置上非常粗犷，大多数只设置了可回收和不可回收两大类型，甚至有些住区就仅仅设置单一的垃圾桶，并没有对其进行分类，同时很多地方的垃圾桶并没有注明可以投放的垃圾类型，导致各类垃圾都丢弃在其中，造成各类垃圾混合，给后期的处理造成极大的困扰。在垃圾回收过程中，除了分类不系统化外，垃圾桶的数量也远远不够。在此类情况下，会大幅度降低居民参与垃圾分类的积极性，因此有必要要加强配套的基础设施建设。

在既有住区更新改造过程中，应该分类设置垃圾桶，以便于垃圾分类投放。垃圾分类标识如图 5-51 所示，垃圾桶如图 5-52 所示。除了垃圾桶的分类外，数量上也要能满足需要，并且设置的容量能满足及时回收和运输速度的需求。垃圾桶设置的距离也应合理便利，便于居民投放。此外，可以根据垃圾的不同类别，设立一些自动分拣和回收装置，极大改善因垃圾分类问题导致居民生活环境质量下降问题。

图 5-51　垃圾分类标识

图 5-52　垃圾桶

思 考 题

1. 既有设施更新改造规划设计的内涵是什么？

2. 建筑配套设施更新改造过程中，防盗设施主要包括哪些方面？

3. 消防设施主要包括哪些？其具体内容是什么？

4. 建筑配套设施更新改造过程中，多层住宅增设电梯的原则、方式及其优势是什么？

5. 充电设施按使用场景分类可分为哪几类？其设置方案分别是什么？

6. 住区配套设施更新改造过程中，为什么需要设置夜间照明设施？

7. 无障碍设施可以从哪些方面进行优化？

8. 公共服务设施更新改造时，商业服务设施需要考虑哪些原则？

9. 如何建立健全的养老服务设施？

10. 在养老服务设施规划设计过程中，如何建立合理、明晰、完善的标识系统？

11. 垃圾如何分类？

第6章

既有园区更新改造规划设计

　　景观绿化更新改造、出入口更新改造、地下空间更新改造三大方面既是既有住区更新改造规划设计的基础工作，也是既有住区内公共部分改造的重点工作。通过这三大方面的改造，可以使得既有住区的面貌焕然一新，同时，对住区的宜居性和舒适性的提升起着重要的作用。

6.1　景观绿化更新改造

6.1.1　公共绿地更新改造

1. 公共绿地更新改造原则

　　（1）住区的特殊性原则　　既有住区是集商贸和居住为一体的建设年代较为久远的区域，如图6-1所示。与现代新建的居住区不同的是，既有住区经过长时间的发展，其区域内交通便利，设施齐全，但随着经济社会的快速发展，既有住区内部的配套设施和管理方式已经不能满足居民群体的需求。既有住区是城市住房体制改革以前建设的作为单位公房或者20世纪80年代以后城市迅速发展后大规模新建的居民楼，其建设年代久远，人员流动性大，居民多为老年人，所以在对既有社区的公共绿地进行更新改造时，考虑住区的特殊性是一项必须要遵守的原则。

　　（2）居民的实际需求原则　　老旧住区改造不能理想化，不能为达到某种理想状态而大拆大建，要寻求改造中的平衡，把居民的实际需求作为老旧住区改造的重要依据。住区绿地最贴近居民生活，其整治改造必须贯彻"以人为本"的思想，严格进行科学整治，同时要考虑居民对通风、光线、日照、实用、方便等需求，

图 6-1　既有住区外景

着重考虑居民对文娱及户外活动方面的需求。

（3）环境更新与改造的整体性原则　社会在不断地进步和发展，文化素质、社会阶层的分化、生活习惯的差异甚至人们对美的理解也随着人们的生活不断地完善，呈现多元化发展的特征。因此，既有住区公共绿地更新与改造设计中便应该着力去体现多元文化观念与多元的审美趋向，来满足不同居住者的居住需求。既有住区与整个城市有千丝万缕的联系，不能把对它的改造与整个城市的关系割裂开来，既有住区公共绿地（图6-2）的改造不仅仅是对绿化景观的改造，还涉及经济、社会、人文等多方面因素，其中的多方因素未处理好的话，将对整个城市产生无法弥补的影响。既有住区的改造目的在于提高居民生活的综合效益，综合效益是一个综合整体的系统，其中包含了用地、道路、公共设施、绿化景观、市政设施以及综合管理等多个方面。因此，对于既有住区的改造除了改善建筑实体和空间环境等还需要对社会交往、行为心理、政策管理等方面给予充分重视。

图 6-2　既有住区公共绿地

（4）植物配置多样性原则　对既有居住区的绿化植物进行配置时，应从生态、乡土、功能、景观等方面进行考虑，较理想的配置应该为：通过植物造景的方法对各类植物，如乔木、灌木、花草、藤本等不同生活习性的植物进行科学的配置。实现植物配置的多样化，实现四季有景、三季有花的生态型绿化住区空间（图6-3）。

a)   b)

图6-3 既有住区公共绿地植物配置多样性

（5）地方性精神原则 尊重当地的历史背景，植物配置应具有明显的区域特征。例如，在江南地区，桃花、柳树被用来创造水镇独特的美丽；岭南地区利用大量的棕色植物和丰富的灌木来营造"热带景观"。这些具有鲜明特色的绿化技术使植物景观与当地文化景观相互补充。因此，当重构既有住宅区的绿化植物景观时，应通过本土特征植物进行植物配置，并显示独特的当地植物景观。

2. 景观绿化"海绵化"更新改造

既有住区旧城区的排水管道存在着设计年限久远、设计标准低的问题。这导致既有住区内的排水不畅现象（图6-4）十分明显，同时既有住区内各类公共服务水平较低，管道系统缺少维护，常常会发生堵塞的情况。甚至在暴雨天气里会发生排水管道排水速率低，首层的住宅发生雨水倒灌的现象。路面也常常会由于排水系统落后而产生大量积水，阻碍居民的日常活动和出行。

图6-4 既有住区内部排水不畅现象

为解决既有住区内部的排水不畅问题，可以将绿地景观"海绵化"。对绿地景观进行的综合化改造，使既有住区能够像海绵一样，在适应环境变化和应对雨水带来的自然灾害等方面具有良好的弹性，在下雨时吸水、蓄水、渗水、净水，需要时将蓄存的水释放并加以利用，实现雨水在住区内自由迁移。既有住区景观绿化"海绵化"更新改造内容有以下几点：

（1）整合既有住区公共绿地　在改造前需要深入居民的生活，对居住区中的公共用地使用状况进行调查走访。对使用频率高的道路、停车区域、小广场进行保留，对使用频率不高的区域进行绿地改造或是其他形式的雨洪体系改造。

（2）将既有绿地改造为下凹式绿地　既有住区内增加新的公共绿地会存在一定的难度。所以在对绿地进行改造时，可以调整现有绿地不合理的景观形式，实现海绵型绿地景观的设计目标。既有的绿地在建设时一般没有考虑到排水的作用，通常与路面平齐或者建造的花坛绿地高于地面，在路面雨水无法就地消纳时，绿地并不能起到调节雨洪的作用。在对其进行雨洪体系改造时，可加入地形的变化，低于路面几十厘米，这样可以起到很好的渗水和蓄水的作用，如图6-5所示。

a) b)

图6-5　既有住区改造后的下凹式绿地

（3）地面的透水性改造　既有住区地面多使用透水铺装材料来改造地面的透水性能。大面积透水性地面的改造明显降低了地面的硬质化率，减轻了雨水径流负担，解决了路面积水的问题，减轻了排水管道的运行压力。此外，既有住区内部还可在不透水地面周边建造雨水花园，解决积水问题。通过改造不透水地面周围的绿化环境，利用植被对雨水的自然处理过程来管理住区内多余的雨水。当降雨来临时通过透水铺装的雨水下渗和雨水花园的自然水文作用，在径流在汇入植草浅沟，这样做能够有效地减少雨水的径流流量，解决既有住区内地面积水的问题。既有住区采用透水铺装材料的改造如图6-6所示。

既有住区内道路旁可以更新规划植被浅沟，串联成了一个连续的自然排水系统，用于解决路面积水的问题。植被排水浅沟对雨水径流的传输速率和传输量相较于传统的排水管道更具优势。下凹式绿地也可以承载地上的雨水径流，采用的植被种植形成的粗糙表面降低了径流流速，构成了居住区中更加高效的排水网，将雨水汇集成径流就会沿着斜坡导入浅沟中，而不在道路上淤积。既有住区植被排水浅沟改造如图6-7所示。

a)   b)

图 6-6　既有住区采用透水铺装材料的改造

a）透水砖改造　b）透水混凝土改造

3. 中心绿地的更新改造

小区中心绿地是供小区居民就近使用的公共绿地。现代化新建小区的中心绿地规模一般在 $6000 \sim 8000\text{m}^2$，其包含的内容一般为花木草坪、喷泉水池、雕塑、儿童游戏设施和居民休闲场所等。既有住区出于历史原因，在规模和设施上几乎达不到现代化小区的建设水平，但既有住区的中心绿地在功能上与新建小区一致，有一定的规模，并且与小区各个住宅组团紧密结合，具有较强的公共性和亲和性，所以中心绿地成为人们日常娱乐和休闲的地方，如图 6-8 所示。

图 6-7　既有住区植被排水浅沟改造　　　　图 6-8　既有住区内部中心绿地

一般来说，住区中心绿地有两大功能。第一是绿化的功能，在住区的绿色区域种植了足够的花草树木，它可以净化空气，调节气候，同时提供令人愉悦的视觉体验；第二个是使用的功能，随着人们物质生活水平的提高和对精神活动需求的不断增加，中央绿地受到了极大的关注。在既有住区的公共绿地改造中，中央绿地为社区居民提供了一个环境优美、景色宜人的好地方，并起到了绿化的作用。

在住区中心绿地在规划设计中，可以充分结合住区自然地形、绿地分布及住区分布情况，采取规则式布局、自然式布局或两者结合的方式。在景观设计方面，可以保留既有住区内的树木，重新改造绿地中的花草；在新加入植物的配置方面，宜用安全、无毒、无刺、无异味的绿化植物形成高低错落、层次饱满、色彩丰富、季相变化鲜明的植物群落。

4. 住区道路的更新改造

住区道路一般是住区各类绿化用地联系的纽带，既在改善小区气候、减少交通噪声、遮阴、防护和丰富道路景观等方面起着重要作用，又有保护路面及美化街景、引导人流和疏导空间的作用，划分和联系住区内每个小区及住户，并将每片绿地联系在一起。

道路绿化改造主要以树木为主，占地面积小，遮阴效果好，也可以调节住区的通风。道路绿化一般分为主要道路绿地、次生干道绿地、小路绿地和园林道路绿地。在规划设计时，要根据道路类型、宽度，结合周边整体绿化形式进行规划。一般主要道路的绿地可以结合住区绿地整体规划进行种植。其他道路绿地结合住区地形分别设计，有统一也有变化，但在种植设计方面要考虑高大乔木与住宅间的距离，要充分考虑树木对住宅的采光和通风的影响。沿道路配置时令花卉，随季节交替变化而呈现出不同的美，以多层次、多结构的复层混交群落构成绿色廊，在道路交叉处，应该保障视线通透，不影响行人车辆的通行安全。既有住区内部道路绿化改造如图6-9所示。

图6-9 既有住区内部道路绿化改造

5. 住区宅前屋后的改造

宅旁绿地是分布在居住建筑前后的绿地，是住区中面积最多的一种绿地，主要满足居民休息、活动及安排杂务等需要。

既有住区内低层联立式住宅的宅前用地可以划分成院落，可由住户自行布置；多层单元式住宅的前后绿地可以组成公共的绿化空间，也可结合单位平面，将部分绿地用围墙分隔，作为底层住户的独立院落，以方便底层住户晒衣和户外活动。

不同居民有着不同的爱好和习惯，所以不同的宅旁绿地在不同的地理气候、传统习惯以及不同的环境条件中会存在不一样的绿化种类，但不论采用何种形式，良好的功能性与观赏性的兼顾是宅旁庭院绿地设计的宗旨。要突出宅旁和庭院绿地特有的通达性和实用观赏性。设计应方便居民行走及滞留，适量用硬质材料铺地。

在进行规划设计时要兼顾艺术性和统一性。植物配置应以乔、灌、草相结合，力求做到"三季有花，四季常绿"，同时要保证各幢楼的绿化特色。宅旁和庭院绿地的布局要配合好住宅建筑的形式，使其能美化生活环境，抵挡外界视线、噪声和灰尘，为居民创造安静、舒适、卫生的生活环境，以满足居民夏日乘凉、冬季晒太阳、车辆存放、幼儿玩耍、晒衣服、就近休息、赏景等需要。既有住区内部宅前绿化改造如图 6-10 所示。

图 6-10 既有住区内部宅前绿化改造

6.1.2 住区内广场更新改造

既有住区内广场为公共开放性质，是为住区居民健身、休闲、交流等日常活动提供公共开放空间的主要场所。其内部包含的空间要素较多，但实施绿化改造时不应将各部分孤立看待，而要作为一个整体，通过慢行道、绿廊尽量将分散的空间要素建立功能上或视觉上的联系，形成系统性的开敞空间。

1. 健身运动广场改造

既有社区在建设初期会建设配套的健身运动广场，各个住区的健身广场类型不大相同，可根据既有住区的既有的运动健身广场进行改造。既有住区的健身运动广场分为专用运动场和一般运动场，多数的既有住区内健身运动广场为一般运动场，住区的专用运动场多指乒乓球场、羽毛球场等，这些运动场应由专业人员按其技术要求进行设计。健身运动广场应分散在既能方便居民使用又不打扰他人的区域。

健身运动广场包括运动区和休息区。运动区应保证有良好的日照和通风，地面宜选用适于运动的铺装材料。室外健身器材还应考虑老年人的使用特点，并采取防跌倒措施。休息区宜种植遮阳乔木，并设置适量的座椅。有条件的住区还可设置直饮水装置（饮泉）。既有住区内部运动健身广场改造如图 6-11 所示。

a)　　　　　　　　　　　　　　　　　b)

图 6-11　既有住区内部运动健身广场改造

2. 休闲广场改造

休闲广场常常与中心绿地联合在一起改造，面积应根据住区规模和规划设计要求确定，形式宜结合地方特色和建筑风格考虑。

可以在休闲广场周围种植适宜数量的遮阴树和安放数量合适的休息座椅，为居民提供休息、活动、交往的设施，确保适度的灯光照度且不会干扰到邻近居民休息。

休闲广场铺装以硬质材料为主，可以搭配一定的图案。休闲广场出入口的设计应符合无障碍要求。既有住区内部休闲广场改造如图 6-12 所示。

3. 儿童游乐场改造

儿童游乐场是既有住区公共设施的重要组成部分，游乐场规划布局的四个特点是：不同年龄的聚集性、季节性、时间性、自我中心性。儿童户外活动的心理是在规划儿童游乐设施时可以参照

图 6-12　既有住区内部休闲广场改造

考虑的。既有住区内部儿童游乐场改造如图 6-13 所示。

在进行既有住区内部儿童游乐场改造的规划设计时，可参照以下依据：

1）注意游戏设备的丰富性和场地的宽阔性。儿童喜好活动，所以游戏的种类要多样，便于选择玩耍，以吸引儿童参与。

2）在住宅入口附近。幼儿喜欢在住宅入口附近玩耍，有时可以在入口加大铺装面积以供儿童活动。

图6-13 既有住区内部儿童游乐场改造

3）儿童有"自我中心"的特点，在游戏时往往比较投入，会忽略周围车辆和行人，所以游乐场位置或出入口设置要恰当，避免交通车辆穿越影响安全。

4）低龄儿童游戏区与大龄儿童游戏区应分别考虑设置，同时注意其中的联系以及周边住户的可观性。

5）提供可坐着看清整个场地的长椅。当孩子和家长可以互相看见对方时，会觉得更安全。

6.1.3 景观小品更新改造

景观小品的更新改造是多种学科结合的工作，包括景观改造、视觉传达改造、雕塑创作都结合在其中。好的景观小品设计对于既有住区的面貌来讲，往往能起到画龙点睛的作用，给人留下深刻的印象。

根据设置环境的不同，可以将景观小品分为两大类：街道广场和绿地。虽然由于其设置的环境不同，但改造内容与设计考虑的基本因素是一致的。

1. 景观小品功能性设施的改造

所谓功能性设施是指具有实际使用功效的公共设施，例如休息座椅（凳）和桌子、护柱、种植容器、垃圾容器和指示标牌等。

（1）休息座椅（凳）和桌子 休息座椅（凳）和桌子等设施是小区中不可缺少的功能性设施。一般说来，其设置的空间有两种情况：一种是在某些场所设置的，如广场或公共场地、公交车站、较长的步行路段等，设计时应注意交通通行空间与座椅休息区域分开；另一种是设置在一些专门安排的休息点，如广场上的绿地、场地、休息空间等，在这种情况下应该通过平面或竖向的设计，建立起安静舒适的空间环境。

设计时，座椅的设置要注意其距离和密度的合理性，并可以考虑与其他设施组合设置，如花坛、乔木、灯具等。其组合形式也应该考虑美观的要求。座椅的位置与方向的安排尽量可以观赏到周围的景色，其造型非常多，但选择设计时应注意能很好地与小区景观风格结合，另外要尽量选用耐久的、不易损坏的材料，如运用混凝土等硬质材料制成，并且要注意经常维修和保养。既有住区内部的休息座椅（凳）和桌子如图6-14所示。

a)　　　　　　　　　　　　　　　　　　　　b)

图6-14　既有住区内部的休息座椅（凳）和桌子

a）与花坛结合的休息座椅　b）不易损坏的石桌、石凳

（2）护柱　护柱的作用是标明地界、划分区域、引导交通流向并起到防止车辆进入的作用，但不阻碍行人通过，同时也会由于在地面上形成了一系列的垂直加强点而创造出一种使人产生深刻印象。护柱在自身材质需要比较结实，材料以混凝土、铸铁为好，另外，护柱最好有晚间照明，以防机动车或者行人撞在护柱上引发危险。既有住区内部的护柱如图6-15所示。

（3）种植容器　种植容器，如花坛、花盆等（图6-16），可以是固定的，也可以是移动的。它们对美化小区环境作用显著。同时，还可以用来限定或分隔空间。植物容器最适合布设在植物不能自然生长的地方，通常放置在地面上。

图6-15　既有住区内部的护柱

种植容器的布局应该考虑形成一定的规律或形状的图案，以点缀环境或限制空间。其造型有平面式、立体式、悬挑式等，在具体选择时，应考虑造型自身的美观和其与景观整体组合带来的点缀环境或限定空间的效果。种植容器的选取

可考虑采用有自然质感的材料，如混凝土、原木、石材等。

a)　　　　　　　　　　　　　b)

图 6-16　既有住区内部的种植容器改造

a) 既有住区混凝土式种植容器　b) 既有住区移动式种植容器

（4）垃圾容器　垃圾容器如垃圾箱（桶）等，既可以是固定的，也可以是可移动的。选取时，应该尽量选用坚固耐久的材料，如不锈钢、石材、混凝土、GRC（玻璃纤维增强混凝土）、陶瓷等，并且要经常维护。选择放置位置时，它通常放置于道路两侧或居住单元出入口附近，同时要注意合理的数量安排。考虑与其他设施如座椅、护柱、围栏和灯柱等组合设置效果。垃圾箱下的地面最好是硬质地面，以便清扫。既有住区内部的垃圾容器改造如图 6-17 所示。

a)　　　　　　　　　　　　　b)

图 6-17　既有住区内部的垃圾容器改造

a) 既有住区内可移动式垃圾容器　b) 既有住区内固定式垃圾容器

（5）指示标牌　住区的指示标牌包括名称标志牌、环境标志牌、指示标志牌、警示标志牌。既有住区指示标牌内容参考见表 6-1。

表6-1 既有住区指示标牌内容

标志类别	标志内容	适用场所
名称标志牌	标志牌、楼牌号、树木名称牌	—
环境标志牌	小区示意图	小区入口大门
	街区示意图	小区入口大门
	居住组团示意图	组团入口
	停车场导向牌、公共设施分布示意图、自行车停放处示意图、垃圾站位置图	—
	告示牌	会所、物业楼
指示标志牌	出入口标志、导向标志、机动车导向标志、自行车导向标志、步道标志	—
警示标志牌	禁止入内标志	变电所、变压器等
	禁止踏入标志	草坪

指示标牌必须要精心设计,使其在具备某种功用的基础上有助于美化环境。应当注意其设置位置不被建筑物或者绿化物遮挡,如楼牌号作为识别住所的一种指示标牌,应放在住宅墙面的显著位置,字体要醒目。此外,各种指示标牌的设计还应当注意:

1)指示标牌和周边建筑以及小区景观充分协调。

2)指示内容清晰明了,尽量采用图示方法表示,使用说明文字时应该考虑同时使用通用的国际语言和本国语言。

3)交通指示系列应当慎重选取色系,做到任何天气环境下都醒目和易于识别。

既有住区内部的指示标牌如图6-18所示。

2. 景观小品的改造

(1)雕塑 雕塑以其小巧的格局、精美的造型点缀着空间,最能反映出空间环境的风采和神韵。根据其功能,可

图6-18 既有住区内部的指示标牌

分为纪念雕塑、主题雕塑、功能雕塑与装饰雕塑；从表现形式可以分为具象雕塑、抽象雕塑、动态雕塑和静态雕塑；从表现材料上可分为木雕、石雕和其他材料雕塑（如金属材料）。既有住区内部的雕塑如图 6-19 所示。

对于一个小区而言，在选择设置和布局雕塑时，所选配的雕塑要具有时代感，并注意与周围环境协调，以赋予景观空间环境生气为主题，突显其整体美。

与此同时，应注意不宜在居住区内搞大量的雕塑，无论人物雕塑、还是动物雕塑，都要小巧、新颖、造型优美、尺度宜人，不要贪多。事实上，在小区室外放置的灯具、设置的各类儿童游戏设施、电话亭等设施如果设计得当本身就是很好的雕塑。

图 6-19　既有住区内部的雕塑

（2）亭与廊　亭是行人休息、眺望为目的的景观性建筑之一，也可作为既有住区景观的主要景观小品。亭的类型很多，有半亭（古时多采用）、独立亭。亭的平面、立面形式多样，有正方、五角、六角、八角、圆形、扇形等（图 6-20）。单檐方亭通常为 4 柱或 12 柱，六角亭为 6柱，八角亭为 8 柱，重檐方亭可多至 12 柱，六角及八角亭的柱数则按单檐柱数加倍，其外观有四阿、歇山及攒尖等盖顶形式。

a)　　　　　　　　　　　　　　　b)

图 6-20　既有住区内部的亭

a）既有住区内的四角亭　b）既有住区内的六角亭

廊在既有住区内起到导引路线的作用，也是各建筑物之间的连接体，同时还能起着划分既有住区绿化空间的作用。它的外形弯曲且悠长，可依据地势弯曲。

廊的类型很多，按形态分有直廊、曲廊、波形廊、阶梯廊、复廊（如沧浪亭）；按廊坐落的位置则可分为沿墙走廊、爬山走廊、水廊、空廊、回廊等，如图6-21所示。

图6-21 既有住区内部的廊

3. 景观小品的功能

（1）方便居民 在居住区中要为居民提供适当的室外活动场所，而且为使其感到舒适、方便，要配置各种各样的景观小品。例如，设置座椅、座凳，供人们聊天、休息与娱乐。如果没有配置桌凳、座椅等设施，人们在聊天时就可能需要站着或蹲着，这给居民的日常交流带来了不便；路灯、垃圾箱等设施的设置更能满足居民夜间行走照明需求和日常生活垃圾处理的需求，从而方便人们生活，满足居民使用上的需要。

（2）美化环境 形态各异、造型优美的景观小品是住区环境中的一种点缀。无论是硬质地面，还是软质绿地，都是居民经常休息和使用的地方，若能用花坛、花架、座椅、灯具、雕塑等景观小品同绿地或硬质铺装等巧妙地结合起来，充分利用有限的空间，则可以创造出各种景观，起到美化住区环境的作用，并能陶冶情操、愉悦身心。

（3）组织空间 为满足人们室外活动的需要，营造出有疏有密、有开有合、有高有低、相对独立的活动空间，景观小品无疑是一种必不可少的设置方式。例如，护柱可以用来限定人的活动范围；又如，在地形高差变化的地方修筑挡土墙和台阶，既方便使用，又能因恰当地采用带质感的材料，与竖向建筑物构成定的对比，处理得当可组成更多活泼多彩的室外空间。

6.2 出入口更新改造

6.2.1 出入口主要交通问题

1. 出入口通行能力不足

既有住区出入口的机动车通行能力通常低于支路，速度在10km/h以下。一些既有住区出入口处的开口宽度一般低于7m，由于受到人为干扰、对向行车干扰、开口处转弯等待时间等因素的限制，会使得出入口的通行能力低于一般的地下车库出入口的通行能力。

2. 入口处回溯车流影响市政道路交通

既有住区岗亭门栏位置贴近人行道边线，晚高峰时进入住区的车辆较多，由于门栏阻滞作用，入口处车辆进入住区时需要排队，车辆较多时甚至会回溯到市政道路上，这种回溯车流对市政道路的交通运行会造成一定的干扰。

3. 出入口附近停车对出入口交通的影响

小区出入口附近的出租车、接送车辆有上落客的可能，而出租车和接送车辆的停放往往比较随意，这些车辆的随意停放对于住区出入口车辆的进出有不小的干扰，针对这种现象，需要对这些车辆进行有效的管理。

4. 其他问题

部分小区出入口处附近有设置商业摊点、违章经营等现象，街道步行空间经常被私人机构非法占用占据，一些单位、商户在门前自行画线将步行空间作为停车场或者经营场所（图 6-22），导致人流的聚集，这也是导致小区出入口交通堵塞的重要原因。

图 6-22　既有住区外部的商业摊点

6.2.2　出入口功能优化改造

1. 机动车单向组织改造

有些既有住区出入口的宽度小于 7m，难以满足高峰时段机动车及慢行交通双向集中进出的通行条件。对于设置有两个及多个机动车出入口的既有住区，如果高峰时段出入口交通拥挤，则可以将出入口设置为机动车单行道。结合小区的区位、周边道路的条件，以及交通组织管理方案可以具体考虑使用单向组织的方式来缓解交通压力。既有住区出入口单向交通组织如图 6-23 所示。

2. 住区岗亭门栏位置改造

住区入口和出口实际上是一种类似于一个瓶颈口的设施，住区岗亭门栏位置则类似与一个交叉口停车位置（图6-24）。若将住区岗亭门栏位置后撤，则实际上通过移动"停车位置"让进入住区的车辆有一个停车缓冲区，可以减少车辆在进入住区前上排队停车的概率，从而改善住区出入口处市政道路上交通的连续性和舒适度，这样既减少了行人和车辆冲突，又间接提高了进出住区道路的通行能力。

图6-23 既有住区出入口单向交通组织

3. 出租车上落客区域的精细管理

由于出租车在住区门口随意上落客的行为对交通通行起到了负面作用，为了解决这一问题，就需要对这一行为进行管理。可以在住区出入口位置设置禁止停车区域，而在可以停车的区域应超出住区出入口道路缘石切点位置，以避免出租车停靠对进出住区车辆轨迹线的影响。既有住区出入口临时停车区域如图6-25所示。

图6-24 既有住区出入口岗亭位置

图6-25 既有住区出入口临时停车区域

4. 商业业态种类的优化调整

既有住区出入口附近一般都有一些生活性的商业配套布局，这些商店会吸引住区内的居民或在住区附近居住的居民前来消费，使得人群聚集在这些商店里，导致既有住区出入口处拥挤。一些经营较好的商店往往会吸引到更多的人，开车或者骑车前来的人会使得原本不宽阔的既有住区出入口附近临街道路更加拥堵，这也是导致交通问题的部分原因（图 6-26）。所以对于既有住区临街商业的调整，并加强管理，也是缓解既有住区的出入口附近交通问题的一种方式。

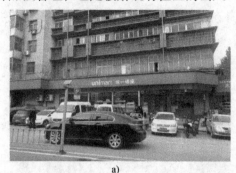

a)　　　　　　　　　　　　　　　　　　　b)

图 6-26　既有住区周边的商店

6.2.3　出入口门禁设置

1. 出入口门禁类别

门禁分为非机动车行门禁和机动车车行门禁等。门禁主要由门禁系统、道闸、安全岛等设施组成。

（1）门禁系统　门禁控制器、读卡器（识别仪）、电控锁、卡片共同组成了门禁系统。随着门禁系统的不断发展，其功能也越来越智能化，这些现代功能融合了光学、计算机技术、电子和机械等诸多不同的专业技术，使得门禁系统的使用越来越方便。门禁系统主要包括两大类，一是生物识别，其主要是指依靠对人体生物特征的辨别来进行身份验证的技术。人体生物特征的辨别包括了指纹、声音、掌型、面部和虹膜等。生物识别的安全级别高。生物识别采用的是个人独有的特征，因此不会被复制盗取，而且业主无须像传统门禁系统的那样担心门禁卡遗失或者忘记携带；二是密码识别，指通过输入密码来识别是否可以进出的识别技术。密码识别虽然操作方便，但密码容易泄露，也容易忘记，所以密码使用安全性及适用性不高。

（2）道闸　道闸主要设于出入口处，是阻挡人、非机动车、机动车等直接通过出入口的构件。如今逐渐演化成通过电子管理系统控制的自动升降道闸，实现自动升降。

道闸是门禁系统的组成之一，广泛应用在住宅小区出入口中。道闸分为人行道闸、车行道闸和非机动车行道闸。根据道闸形式的不同，道闸分为铁艺门、玻璃防盗门、摆闸、三辊闸、直杆道闸、栅栏道闸、曲杆道闸等。

1）铁艺门。既有住区外部所选用铁艺门，需要精心地规划和设计。铁艺门历史悠久、形式多样，通常为平开门的模式。除了防护、阻隔等功能外，其规模、样式和材料的运用都从一定层面彰显既有住区内部居民的身份、观念等，这就使得铁艺门的作用不只是既有住区道闸，更体现着既有住区内部居民审美。既有住区常见的铁艺门形式如图6-27所示。

a)   b)

图6-27 既有住区常见的铁艺门

2）玻璃防盗门。玻璃防盗门主要用于既有住区住宅门口的人行道闸，并经常与智能门禁控制系统结合，如图6-28所示。

3）摆闸。摆闸由两个主机箱和两个活动摆杆组成，为人行道闸。摆闸具有行人尾随检测、自动关闸检测、行人方向及位置检测等功能，主动安全性高。

4）三辊闸。三辊闸又称为三棍闸，是专门用于人员进出控制的道闸，也是经常用于住区出入口的门禁，其最大特点是可以有效防止外来人员的跟随进入，由于设计成三棍旋转的模式，所以每次只能通过1人，如图6-29所示。

图6-28 既有住区的玻璃防盗门   图6-29 既有住区的三辊闸

5）直杆道闸。直杆道闸是最早的也是使用最多的道闸形式，通常设于住区出入口处作为车行道闸，也用于人行、非机动车行道闸。既有住区的直杆道闸如图 6-30 所示。

6）栅栏道闸。栅栏道闸是直杆道闸的一种衍变形式，但区别于直杆道闸的是，挡杆由一个直杆变成了可以收缩的栅栏式，当挡杆放下时，展开的栅栏可以将通道挡杆的下方区域也遮挡起来，有的道闸也可以把挡杆上方和下方的区域一起遮挡。既有住区的栅栏道闸如图 6-31 所示。

图 6-30　既有住区的直杆道闸

图 6-31　既有住区的栅栏道闸

7）曲杆道闸。曲杆道闸也称折杆道闸，同样是由直杆道闸衍化而来的，一般用于车行道闸。曲杆道闸闸杆升起之后会自动折叠，闸杆成 90°弯折，如图 6-32 所示。

（3）安全岛　安全岛常见于住宅小区出入口的车行道闸之间，一般结合门卫室一起设置。既有住区的安全岛如图 6-33 所示。门卫室中置在安全岛上可以方便对进出车辆的管理。有时门卫室不设置在安全岛上，而是设置在一侧，此时的安全岛上只放置门禁设备，此种安全岛宽度则相对较窄。

图 6-32　既有住区的曲杆道闸

图 6-33　既有住区的安全岛

2. 出入口门禁与门卫结合更新改造

出入口门禁与门卫结合更新改造主要包括了三种方式，分别是步行出入口门禁与门卫的结合方式、车行出入口门禁与门卫的结合方式、混行出入口门禁与门卫的结合方式，其更新改造方式如图6-34所示。

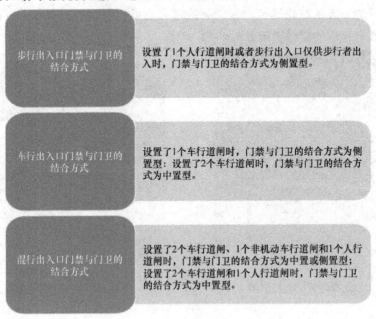

图 6-34 出入口门禁与门卫结合更新改造的方式

3. 出入口门禁设计

（1）出入口的数量 住区出入口数量与住区的规模有关。住区出入口数量设置需要同时考虑住区高峰时间的交通总量和出入口的通行能力。

（2）交通组织方式 在条件允许的情况下住区的人行道路与车行道路的设置可以完全分行。完全的人车分行通常适用于人口在1000~5000或7000~13000的小中型住区，不适用于人口规模在30000~50000的大型住区。因此住区出入口交通组织方式应综合考虑住区的区位、规模以及临界的城市道路等，这些因素都与住区出入口交通组织方式有关。

1）步行出入口。对于人流量较大的步行主要出入口，应在道路上分离开人流和车流，或将步行出入口设置为只供行人出入。若小区内设置有商业街，则商业街的步行出入口可不设置出入口门禁。

2）车行出入口。车行出入口的设置应考虑足够的宽度，同时供非机动车和机动车的出入。部分大中型既有住区除了考虑车辆的因素外，还需要考虑设置车行门禁和非机动车行门禁，因此要根据实际情况合理安排出入口的宽度。

3）混行出入口。对于主要混行出入口中人流、车流量较大的既有住区，其门禁可以设置三分流式，混行次要出入口人流车流量较小的门禁可设置二分流式，如果条件允许，可以设置门禁三分流式；有对外开放的公共区域的住区出入口可只设置车行门禁。

（3）门禁与道路的结合方式

1）步行出入口门禁与道路的结合方式。广场型模式主要用在步行主要出入口门禁与道路的结合；线路型模式主要用在步行次要出入口门禁与道路的结合。

2）车行出入口门禁与道路的结合方式。车行出入口门禁与道路的结合方式应设置为线路型。驶入地下车库的车行出入口门禁应优先设置在坡道上端，最好保持停下刷卡的位置是水平位置；若没有可以保证的水平位置，停车位置也可设置在坡道下端。

3）混行出入口门禁与道路的结合方式。混行主要出入口门禁与道路的结合方式可以设置为广场型；混行次要出入口门禁与道路的结合方式可设置为线路型。对于车辆驶入地下车库的混行出入口来说，与驶入地下车库的车行出入口一样，门禁也应优先设置在坡道上端。

（4）门禁与门的结合方式

1）步行出入口门禁与门的结合方式。步行主要出入口应设置标志物，如大门、门厅、标志塔、标志性景观等，步行次要出入口可设置得简化些。

2）车行出入口门禁与门的结合方式。车行出入口不应设置大门。

3）混行出入口门禁与门的结合方式。混行主要出入口同步行出入口一样，也应设置标志物。设置大门时，门禁与大门的结合方式应为嵌入式；混行次要出入口可设置得简化些，可不设置大门。

6.3　地下空间更新改造

6.3.1　地下空间更新改造原则

1. 安全性原则

对于地下空间来说，安全性不仅表现在建筑施工上，而且在室内设计的过程中安全性也是至关重要的。一方面是墙面、地面或顶面，其建筑构造都要求具有一定的强度和抗压性能，空间各个部分的节点要保证其稳定性；另一方面，室内防火、防水或安全逃生通道的设置以及设备的安装等问题是地下室内设计中必须要考虑的问题。这就要求在设计中，选用具有不易燃、耐火性高、低污染的装修材料。同时应注意用电安全，做好结构防水，避免使用低透水率的材料，保持室内湿度与通风等。

2. 功能性原则

地下空间的功能性是指在地下空间开发中，将复杂多样的功能空间综合布置在一个相互联系的地下建筑群中，形成多功能兼容配套的综合体。不同的使用功能根据需要采用不同的建筑空间布局和结构形式，在同一层面上分区组合或分层竖向组合，相互之间是一个有机的整体，形成一个大型地下建筑。地下综合体的改造是伴随着既有住区集约化发展，在既有住区改造中应运而生的，是城市地下空间资源统一规划、高效利用和大规模综合开发的体现，其目的在于分担并强化城市既有住区的多种城市功能，集中解决城市地面空间规划建设中的用地紧缺、空间拥挤、交通堵塞、环境质量恶化等一系列矛盾。地下综合体的突出特点是各功能区实行统一规划，同步进行，配套建设，避免了地下空间孤立或零星开发造成地下空间资源和建设资源浪费以及开发效益低等弊端，而且充分利用并能发挥地下建筑功能集聚性的优势。

3. 经济性原则

由于既有住区地上空间短缺，使得部分既有住区内部商业、交通、娱乐等功能的需求由地上空间转向地下空间。根据功能和用途的不同，地下室内改造设计的标准就不同，这种标准与地上空间有着很大的区别，既不能单纯地追求艺术效果，也不能盲目的提高或降低改造标准，造成资金浪费，总之是要注重空间的实用性与合理性，因地制宜，通过正确的改造手法高效地利用空间，但由于地下综合体建设往往一次性投资高昂，对既有住区的功能和环境影响深远。因此，既有住区地下空间的规划建设可行性论证应十分慎重。

4. 舒适性原则

地下空间环境存在空气质量较低、天然光线不足、通风不佳、湿度大等缺点，对人的舒适度有较大的影响。所以在地下空间的改造过程中，应注意运用通风、采光、除湿等技术手段，以保证良好的舒适度。这对于满足人们最根本的需要，提高地下空间环境质量起到非常重要的作用。

5. 平战结合原则

平战结合是指人民防空建设各个方面的软件和硬件设施，在和平时期、在不影响战时防空袭能力的前提下用于社会。平战结合应在保证预防空袭需要的同时，积极适应和促进城市建设的发展，为人民生活服务。平战结合改造需要考虑的是工程改造后平战用途相近、转换工作要小、兼容性和通用性、转换快速等。

6.3.2　地下空间更新改造模式

1. 地下停车库模式

随着经济的发展，汽车产业发展迅速，汽车生产数量逐年增多，人们拥有汽车的数量也相继增多，导致一些既有住区地面上的空间已经不能完全满足人们的停车需求，出现了停车难的问题。因此，对部分建设时期就规划建设了地下空间的既有住区的来说，既有住区的地下空间是可以兼顾考虑改造成具有地下停车功能的地下空间（图 6-35）。

停车设施的改造需要考虑是否与周边的道路相协调。对于需要更新改造的既有住区的停车设施来说，确定合适的数量是规划的难点之一，而确定合适的数量需要对现有的停车位置及住区内车

图 6-35　既有住区的地下车库更新

辆的数量进行全面的统计，根据统计的信息进行分析，再与规划预测的总量进行对比，这样可以更好地得到切合实际的停车设施的规划量。而在更新改造过程中除了规划量，改造时还需注意到以下几点问题：

1）人流活动集中区域不应设置地下停车场或者地下道路的出入口。

2）停车库的总平面布局设计时要考虑到区内住户便捷性。

3）车辆进出小区的便捷性。

4）出行车辆与进入车辆互不干扰。

5）地下空间对上部结构的影响。

2. 地下下沉式空间模式

下沉式空间有两层含义上的限定，一层是地面的限定，另一层是空间边界的限定。地下空间的出入口可以设置在下沉空间之中，因为下沉空间可以将地面空间的光线和空气等带入地下空间之中，并且结合景观可以达到立体生态效果，形成极佳的空间感受（图 6-36）。

下沉空间的共享性是既有住区公共空间最大的特点。共享性是指公共空间向住区居民开放，居民可以不受阻碍的进入这里。另外，下沉空间贴近自然环境，不受任何人为元素的阻隔，这样一来，人在这里会感到舒适，即使局部进行一些

空间限定，也不会影响其共享的特质。地下下沉式广场公共空间更新改造的内容可分为以下几点：

（1）空间改造　它指的是下沉空间与其周围其他城市空间关系的重构。下沉式空间是属于地下空间的一类，可以是地上其他的城市空间、建筑空间和街道空间相互作用叠加在一起而来的，共同形成具有层次感的城市空间。

图6-36　既有住区的下沉广场更新

（2）交通组织改造　交通联系功能是下沉式公共空间十分重要的一个功能，它不仅起到联系不同高度的垂直空间作用，还联系不同位置的水平空间，这些联系对交通组织有着至关重要的作用。

（3）景观环境改造　景观环境的改造对于地下空间的改造来说是必不可少，它是人们衡量一个空间品质好坏的重要因素。其中被用得最广泛的元素就是水，如水面、瀑布、喷泉等，如果能从立体的角度出发，分别从视景、听景等不同角度打造多方位的空间环境，会营造出更加舒适的地下公共空间。

3. 地下商业综合体模式

既有住区地下建筑空间的规模没有城市地下空间建筑的大。大部分既有住区在规划建设之初规划的地下空间往往较小，部分既有住区地下空间适合更新改造为小型地下商业街综合体，如图6-37所示。

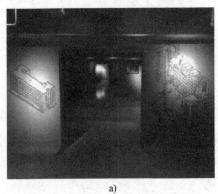
a)

b)

图6-37　既有住区的地下商业街综合体

在既有住区地下建筑空间有功能形态并不丰富（多以中小型商业建筑为主），

开发深度普遍较浅。一方面，大多数既有住区地下空间仅仅开发至地下一层，较少出现地下二层及以下的地下空间建筑，但是既有住区内普遍存有大量的半地下建筑，同时沿街有很多相对较杂乱的小空间地下室商铺；另一方面，住区内配套建设的商业街可以解决住区内居民的生活购物需求。基于上述两方面的考虑，将拥有这样特点的地下空间的既有住区进行地下空间的改造是十分符合实际情况的。

中小型商业综合体模式的地下建筑空间更新改造的要素可分为以下几点：

（1）出入口更新改造 地下建筑的出入口更新改造要解决的问题是如何通过改造规划设计消除人们心理上的负面联想，因为出入口在整个地下建筑中承担着十分重要的功能和职责。而地下的入口由门洞、入门前的前方空间、进入后的空间和通道构成，这种构成把这几个不同的部分联系在了一起，因此出入口承载着重要的作用。既有住宅的地下商业街出入口如图 6-38 所示。

a)　　　　　　　　　　　　　　b)

图 6-38　既有住区的地下商业街出入口

（2）地下空间的采光更新改造 缺少自然光线是地下空间一个很明显的缺点。大多数的地下空间都需要充足的自然光线，除非是一些特殊的建筑，对自然光线的要求不高，如影院等。那么把自然光线引入到地下空间就成为设计中非常重要的部分。在完全封闭的地下空间中，无法直接使用自然光，这种情况下就要使用人工照明的方法来实现采光，所以在地下空间营造良好的人工光环境也是一个设计重点。既有住区的地下商业街灯光更新改造如图 6-39 所示。

（3）地下空间的商业业态更新改造 既有住区内老年人和小孩较多，在此基础上可以考虑地下建筑的商业业态布局的改造。既有住区地下商业业态的改造可以以超市、餐饮、书店、玩具店等业态为主，着力解决老年人和小孩的日常生活的需求，与其周边地上空间的商业形成相互补充、相互促进，地下街内部业态的布局组合目的在于实现相互"借势"，各区域通过对资源和人流共享，使得整体效

a)   b)

图 6-39 既有住区的地下商业街灯光更新改造

益远远超过个体相加。既有住区的地下商业街的多种业态如图 6-40 所示。

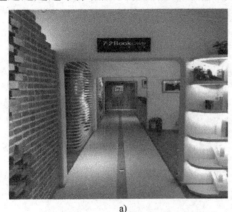 

a)   b)

图 6-40 既有住区的地下商业街的多种业态
a）地下空间的书店 b）地下空间的亲子活动室

6.3.3 地下空间更新改造要点

1. 出入口节点改造

出入口节点影响着人们进入地下空间前的心理感觉和大体印象。通过改造出入口节点能够以最直接的方式减轻或消除人们对地下空间的消极心理。

出入口改造宜避免地下空间与地上空间之间的高低落差过大。较好的方式是让出入口与地面建筑保持一致，可以在出入口的地下建筑外部设置下沉广场，人们从地面通过楼梯或扶梯到达广场上，再通过广场进入地下。这样不仅可以缓解人们的消极心理，而且这种半开放式的出入口也将室内外环境有效地联系起来，建立起来良好的空间过渡，这样做对于地下空间的采光和空气循环也起到一定的帮助。

2. 室内光环境改造

地下空间的室内采光设计主要分为自然光导入地下和人工照明两种设计方式，不论采用哪种方式，都应满足人们正常视觉的采光需求。

自然采光是地下空间照明的首选方式，可以达到节约能耗、绿色环保的目的。大量的地下空间采用顶部天窗的手法，在地上部分安装采光设备，并选用棱镜组等先进科技设备将自然光引进地下室，充分利用自然光源，满足地下空间的采光需求。

在自然采光不适用时，为了满足地下空间的采光需求，便需要采用人工照明的方式。人工照明设计应满足地下空间照度、均匀度以及光源的选用和节约能源等方面要求。目前国内大部分既有住区的地下空间就是采用人工照明的方式，采光设计合理，使得整个地下空间光线显得尤为自然，给人以舒适、自然、放松的感觉。既有住区地下空间室内光环境改造如图 6-41 所示。

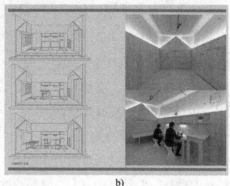

a)　　　　　　　　　　　　　　　　　b)

图 6-41　既有住区地下空间室内光环境改造

a）地下空间的自然采光　b）地下空间的人工照明

3. 地面铺装改造

穿行于地下空间内，地面铺装设计尤其引人注意。结合地下空间改造主题，利用空间走向及地势起伏特点对地面铺设的图案和色彩进行变化设计，能够很好地对地下空间进行表达，营造地下空间氛围。

在进行图案设计时，首先要考虑空间的基本视点，空间图案设计应根据视点而变化，打造宜人的叙事空间；其次，应考虑环境尺寸与人体尺度，应满足"以人为本"的设计理念，营造舒适的氛围；除此之外，在设计过程中应充分考虑装饰材料的肌理特点，不同的材料质感不同，对于空间的叙事表达也不尽相同。

设计感受会随空间色彩和质感而变化，所以应结合环境特点和设计主题进行色彩和质感处理。在具较为活泼的环境中应采用亮度较高的色彩和具有青春气息的设计元素，营造轻松愉快的氛围；在较为肃穆的环境中整体应采用饱和度、亮度较低的色彩，且要色彩一致、格调统一，显得相对沉着庄重。既有住区的地下空间地面铺装改造如图 6-42 所示。

图 6-42　既有住区的地下空间地面铺装改造

4. 通风换气系统改造

地下空间的室内设计中，应特别注重室内空气的流通，使空气质量要满足人们日常活动的要求。首先应对源头进行控制，室内装修时应尽量采用生态环保材料，满足国家的现行标准要求，减少装修材料散发的有毒有害气体；其次要选用合理有效的通风措施，采用自然通风与人工通风结合的方式，充分利用穿堂风带来的室内外空气的交换；最后，有必要增加通风设备的投入，以改善地下建筑的空调通风系统，从而改善室内空气质量。

5. 安全疏散空间改造

发生危险时为能对人员进行有效疏散，地下空间改造过程中应对疏散路线进行科学的设计，应尽可能与人们熟悉的进出路线一致（图 6-43）。只有在确实需要时，才设计第二条疏散路线。疏散路线应指向明确，必须有高亮度的照明和清晰

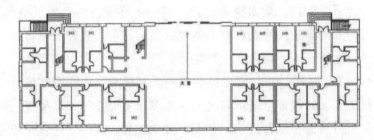

图 6-43　既有住区地下空间安全疏散示意图

的标志。例如，对复杂的地下环境中的楼梯井和疏散通道，需要采用明亮的彩色灯光照明以及不易混淆的建筑形式。

6. 绿化改造

地下空间改造在满足空间安全的前提下应注重景观绿化的改造，为避免空间的单调与乏味可适当进行绿植的布设，布设绿植不但能够为地下空间增添生机还能起到净化室内空气的作用，除此之外，还可以将景观小品运用到地下空间内，利用景观小品鲜艳颜色活跃空间气氛，打造绿色生态的休闲活动区域，如图 6-44 所示。

图 6-44　既有住区的地下空间地面铺装改造

思 考 题

1. 公共绿地更新改造原则有哪些？

2. 既有住区景观绿化、海绵化更新改造内容包括哪些方面？

3. 景观小品的分类及功能性设施的改造类型？

4. 指示标牌信息设置有哪些注意事项？

5. 景观小品的功能是什么？

6. 出入口主要交通功能是什么？

7. 住区出入口改造有哪些方面？

8. 道闸形式及分类有哪些？

9. 地下空间更新改造原则有哪些？

10. 地下空间更新改造模式及特点是什么？

11. 中小型商业综合体模式的地下建筑空间更新改造的要素有哪些？

参 考 文 献

[1] 常江，陶勇，孙良，等. 居住区规划设计 [M]. 徐州：中国矿业大学出版社，2012.

[2] 张玲. 旧居住区改造问题研究 [D]. 天津：天津大学，2017.

[3] 李勤，胡炘，刘怡君. 历史老城区保护传承规划设计 [M]. 北京：冶金工业出版社，2019.

[4] 刘玮. 既有住区更新的制度变迁 [D]. 重庆：重庆大学，2016.

[5] 杨欢. 合肥市老旧住区综合更新改造策略研究 [D]. 合肥：安徽建筑大学，2016.

[6] 王翔. 既有住区外环境空间类型化及品质提升策略研究：以大连市为例 [D]. 大连：大连理工大学，2016.

[7] 栗翰江. 城市既有住区景观改造的新旧共生研究 [D]. 合肥：合肥工业大学，2014.

[8] 孙晶. 西安市老旧住区室外环境更新改造策略与方法研究：以兴庆坊地段为例 [D]. 西安：西安建筑科技大学，2018.

[9] 武勇. 居住区规划设计指南及实例评析 [M]. 北京：机械工业出版社，2009.

[10] 崔艳秋，苗纪奎，罗彩领. 建筑围护结构节能改造技术研究与工程示范 [M]. 北京：中国电力出版社，2014.

[11] 中华人民共和国住房和城乡建设部. 既有建筑改造技术指南 [M]. 北京：中国建筑工业出版社，2012.

[12] 杨学林，祝文畏，王擎忠. 既有建筑改造技术创新与实践 [M]. 北京：中国建筑工业出版社，2017.

[13] 李向民. 既有居住建筑绿色改造技术指南 [M]. 北京：中国建筑工业出版社，2016.

[14] 徐福泉，赵基达，李东彬. 既有建筑结构加固改造设计与施工技术指南 [M]. 北京：中国物资出版社，2013.

[15] 邸小坛，陶里. 既有建筑评定改造技术指南 [M]. 北京：中国建筑工业出版社，2011.

[16] 刘月莉，仝贵婵，刘雪玲. 既有居住建筑节能改造 [M]. 北京：中国建筑工业出版社，2012.

[17] 任泽恒，姚丽亚. 城市大型居住区交通系统设计与优化 [J]. 道路交通与安全，2014，14 (6)：22 –27.

[18] 李媛. 既有居住区停车改善措施理论方法研究 [D]. 北京：北京交通大学，2010.

[19] 吴志强，李德华. 城市规划原理 [M]. 4 版. 北京：中国建筑工业出版社，2011.

[20] 李志兵. 大城市停车需求与供应对策研究 [D]. 重庆：重庆交通大学，2007.

[21] 王永芳. 基于道路拓宽改造工程设计的分析 [J]. 黑龙江交通科技，2013，36 (8)：56 –58.

[22] 霍海鹰. 旧城住区更新的传统继承与现代创新研究：以邯郸串城街地区改造为例 [D]. 大连：大连理工大学, 2006.

[23] 杨晓光. 城市道路交通设计指南 [M]. 北京：人民交通出版社, 2003.

[24] 翟忠民. 道路交通组织优化 [M]. 北京：人民交通出版社, 2004.

[25] 李新建. 历史街区保护中的市政工程技术研究 [D]. 南京：东南大学, 2008.

[26] 李新建. 历史街区适应性直埋管线综合规划技术研究 [J]. 城市规划, 2013 (11)：72 – 78.

[27] 北京旧城历史文化保护区市政基础设施规划研究课题组. 北京旧城历史文化保护区市政基础设施规划研究 [M]. 北京：中国建筑工业出版社, 2006.

[28] 王清勤, 唐曹明. 既有建筑改造技术指南 [M]. 北京：中国建筑工业出版社, 2012.

[29] 王萍, 邱文心, 殷先亚. 供水管网旧管改造依据的探讨 [J]. 给水排水, 2004, 30 (12)：26 – 29.

[30] 刘鹏. 谈建筑小区市政管线综合规划设计 [J]. 中外建筑, 2001 (2)：23 – 24.

[31] 张兵, 田雨忠, 王逸雪. 关于集中供暖住宅分户热计量的几点思考 [J]. 建筑热能通风空调, 2012, 31 (2)：75 – 78.

[32] 丁亚铭. 住宅小区公共空间中的休闲设施设计研究：以无锡奥林匹克花园小区为例 [D]. 苏州：苏州大学, 2011.

[33] 满雅楠. 住宅小区公共服务设施规划管理研究 [D]. 天津：天津大学, 2009.

[34] 王越. 一种社区智能门禁系统的研究与实现 [D]. 武汉：华中师范大学, 2018.

[35] 黄华实. 既有住区适应老年人建筑更新改造设计研究 [D]. 长沙：湖南大学, 2012.

[36] 姚鑫. 城市居住区照明评价与设计标准研究 [D]. 天津：天津大学, 2010.

[37] 杨帆. 城市边缘区保障性住区公共服务设施配套研究：以西安渭水欣居住区为例 [D]. 西安：西安建筑科技大学, 2015.

[38] 牛津. 城市居住区商业设施研究 [D]. 郑州：郑州大学, 2013.

[39] 费彦. 广州市居住区公共服务设施供应研究 [D]. 广州：华南理工大学, 2013.

[40] 付忠汉. 基于居民需求的城市社区商业空间研究 [D]. 北京：中国城市规划设计研究院, 2017.

[41] 郭迁一. 深圳市基本生活单元公共服务设施配置研究 [D]. 哈尔滨：哈尔滨工业大学, 2012.

[42] 黄清俊. 居住区植物景观设计 [M]. 北京：化学工业出版社, 2012.

[43] 蔡强. 居住区景观设计 [M]. 北京：高等教育出版社, 2010.

[44] 邱巧玲, 张玉竹, 李昀. 城市道路绿化规划与设计 [M]. 北京：化学工业出版社, 2011.

[45] 李向民. 既有居住建筑绿色改造技术指南 [M]. 北京：中国建筑工业出版社, 2016.

[46] 郭淑芬, 田霞. 小区绿化与景观设计 [M]. 北京：清华大学出版社, 2006.

[47] 武柯. 老旧小区绿化改造与提升的研究：以河南省郑州市为例 [D]. 乌鲁木齐：新疆农业大学, 2016.

[48] 张丹. 城市居住小区景观环境的人性化设计研究 [D]. 青岛：青岛理工大学, 2006.

[49] 邓云飞. 浅析老旧居住小区出入口交通组织改善的几种方法 [J]. 交通与运输, 2013, 29 (5)：47 – 48.

[50] 邹梦超. 基于门禁的住宅小区出入口空间设计研究：以南昌市为例 [D]. 南昌：南昌大学, 2014.